Ensino de Física

Dados Internacionais de Catalogação na Publicação (CIP)
(Câmara Brasileira do Livro, SP, Brasil)

Ensino de física / Anna Maria Pessoa de Carvalho...
[et al.]. — São Paulo: Cengage Learning, 2021.
— (Coleção ideias em ação / Anna Maria Pessoa de
Carvalho)

Outros autores: Elio Carlos Ricardo, Lúcia Helena
Sasseron, Maria Lúcia Vital dos Santos Abib, Maurício
Pietrocola
2. reimpr. da 1. ed. de 2010.
Bibliografia.
ISBN 978-85-221-1062-9

1. Física – Estudo e ensino I. Ricardo, Elio
Carlos. II. Sasseron, Lúcia Helena. III. Abib, Maria
Lúcia Vital dos Santos. IV. Pietrocola, Maurício.
V. Carvalho, Anna Maria Pessoa de. VI. Série.

10-06979   CDD-530.7

Índice para catálogo sistemático:

1. Física : Estudo e ensino   530.7

Coleção Ideias em Ação

Ensino de Física

Anna Maria Pessoa de Carvalho
Elio Carlos Ricardo
Lúcia Helena Sasseron
Maria Lúcia Vital dos Santos Abib
Maurício Pietrocola

Coordenadora da Coleção
Anna Maria Pessoa de Carvalho

Austrália • Brasil • México • Cingapura • Reino Unido • Estados Unidos

Coleção Ideias em Ação
Ensino de Física

Anna Maria Pessoa de Carvalho
Elio Carlos Ricardo
Lúcia Helena Sasseron
Maria Lúcia Vital dos Santos Abib
Maurício Pietrocola

Gerente Editorial: Patricia La Rosa

Editora de Desenvolvimento: Danielle Mendes Sales

Supervisora de Produção Editorial: Fabiana Alencar Albuquerque

Copidesque: Marília Rodela Oliveira

Revisão: Alessandra Siedschlag e Ligia Cantarelli

Diagramação: Join Bureau

Capa: Eduardo Bertolini

Pesquisa iconográfica: Graciela Naliati Araujo

© 2011 Cengage Learning Edições Ltda.

Todos os direitos reservados. Nenhuma parte deste livro poderá ser reproduzida, sejam quais forem os meios empregados, sem a permissão por escrito da Editora. Aos infratores aplicam-se as sanções previstas nos artigos 102, 104, 106, 107 da Lei n. 9.610, de 19 de fevereiro de 1998.

Esta editora empenhou-se em contatar os responsáveis pelos direitos autorais de todas as imagens e de outros materiais utilizados neste livro. Se porventura for constatada a omissão involuntária na identificação de algum deles, dispomo-nos a efetuar, futuramente, os possíveis acertos.

A editora não se responsabiliza pelo funcionamento dos links contidos neste livro que possam estar suspensos.

Para informações sobre nossos produtos, entre em contato pelo telefone **0800 11 19 39**

Para permissão de uso de material desta obra, envie seu pedido para **direitosautorais@cengage.com**

© 2012 Cengage Learning. Todos os direitos reservados.

ISBN-13: 978-85-221-1062-9
ISBN-10: 85-221-1062-X

Cengage Learning
Condomínio E-Business Park
Rua Werner Siemens, 111 – Prédio 11 – Torre A – Conjunto 12
Lapa de Baixo – CEP 05069-900 – São Paulo –SP
Tel.: (11) 3665-9900 – Fax: 3665-9901
SAC: 0800 11 19 39

Para suas soluções de curso e aprendizado, visite
www.cengage.com.br

Impresso no Brasil
Printed in Brazil
2. reimpr. – 2021

Apresentação da Coleção

A coleção "Ideias em Ação" nasceu do trabalho coletivo de professores do Departamento de Metodologia do Ensino da Faculdade de Educação da Universidade de São Paulo, que por vários anos vêm trabalhando nas disciplinas de Metodologia do Ensino nos cursos de Licenciatura e em projetos de formação continuada de professores geridos pela Fundação de Apoio à Faculdade de Educação (Fafe).

Em uma primeira sistematização de nosso trabalho, que apresentamos no livro *Formação continuada de professores: uma releitura das áreas de conteúdo*, publicado por esta mesma editora, propusemos o problema da elaboração e da participação dos professores de conteúdos específicos – principalmente aquelas pertencentes ao currículo do Ensino Fundamental – na construção do Projeto Político-Pedagógico das escolas. Procuramos, em cada capítulo, abordar as diferentes visões disciplinares na transposição dos temas discutidos na coletividade escolar para as ações dos professores em sala de aula.

Nossa interação com os leitores deste livro mostrou que precisávamos ir além, ou seja, apresentar com maior precisão e com mais detalhes o trabalho desenvolvido pelo nosso grupo na formação inicial e continuada de professores das redes oficiais – municipal e estadual – de ensino. Desse modo, cada capítulo daquele primeiro livro deu origem a um novo livro da coleção que ora apresentamos. A semente plantada germinou, dando origem a muitos frutos.

Assim, além dos livros dedicados prioritariamente ao ensino dos conteúdos no nível fundamental – *Ensino de Artes, Ensino de Educação Física, Ensino de História, Ensino de Geografia* e *Ensino de Inglês* –, apresentamos agora o livro *Ensino de Física*, que discute o ensino dessa disciplina no Ensino Médio.

Os livros desta coleção são dirigidos aos professores que estão em sala de aula, desenvolvendo trabalhos com seus alunos e influenciando novas gerações. Por conseguinte, tais obras também têm como leitores os futuros professores nos cursos de Licenciatura e aqueles que planejam cursos de formação continuada para professores.

Cada um dos livros traz "o que", "como" e "por que" abordar variados tópicos dos conteúdos específicos, discutindo as novas linguagens a eles associadas e propondo atividades de formação que levem o professor a refletir sobre o processo de ensino e de aprendizagem.

Nesses últimos anos, quando a educação passou a ser considerada uma área essencial na formação dos cidadãos para o desenvolvimento econômico e social do país, a tarefa de ensinar cada um dos conteúdos específicos sofreu muitas reformulações, o que gerou novos direcionamentos para as propostas metodológicas a serem desenvolvidas em salas de aula.

Na escola contemporânea a interação entre professor e aluno provocou mudanças não somente no modo de ensinar, mas também em seus conteúdos e, portanto, podemos dizer que são duas as principais influências na modificação do cotidiano das salas de aula: a compreensão do papel desempenhado pelas diferentes linguagens presentes no diálogo entre professor e alunos na construção de cada um dos conteúdos específicos e a introdução das TICs (Tecnologias de Informação e Comunicação) no desenvolvimento curricular. Esses e muitos outros pontos são discutidos, dos pontos de vista teórico e prático, pelos autores em seus respectivos livros.

Anna Maria Pessoa de Carvalho

Prefácio

O livro "Ensino de Física" segue a mesma linha editorial dos demais livros da 'Coleção Ideias em Ação': apresentamos textos teóricos, escritos em linguagem adequada aos alunos dos cursos de Licenciatura e aos professores em exercício do Ensino Médio; proporcionamos exemplos dos conteúdos de Física do Ensino Médio; e, no final de cada capítulo, introduzimos exercícios que devem ser realizados e debatidos em classe nos cursos de formação de professores, bem como exercícios que devem ser utilizados por seus professores ou pelos alunos estagiários de Licenciatura durante os Estágios Supervisionados de Prática de Ensino. Colocamos também, no final de cada capítulo, uma seção na qual indicamos artigos em que alunos e professores podem buscar mais informações.

O objetivo deste livro é, portanto, levar aos alunos dos cursos de Licenciatura e aos professores em sala de aula a discussão de pontos extremamente importantes do seu trabalho didático.

Nossa proposta está diretamente relacionada com as diretrizes do Parâmetros Curriculares Nacionais (PCNs), na medida em que tem uma estreita relação com as pesquisas de ensino de Física e discute aspectos importantes da difícil relação entre a pesquisa em ensino e o próprio ensino em sala de aula.

Escolhemos abordar neste livro seis aspectos da vasta gama de possibilidades que o trabalho em sala de aula oferece àqueles que querem estudá-lo e escrever sobre o tema. Temos consciência que não conseguiremos abranger todo o leque de influência que a pesquisa em ensino de Física está mostrando para uma renovação do ensino dessa disciplina no Ensino Médio, entretanto escolhemos, depois de muita discussão, os seis pontos que apresentamos a seguir, por acharmos que são importantes para o início dessa renovação.

No primeiro capítulo, Sasseron aborda o tema *alfabetização científica e documentos oficiais brasileiros: um diálogo na estruturação do ensino da Física*. Por meio do conceito de alfabetização científica, a autora introduz os alunos dos cursos de Licenciatura e os professores nos direcionamentos dos documentos oficiais, discutindo questões relacionadas ao planejamento de um currículo para o Ensino de Física em nível médio e às considerações que podem ser feitas no momento de estruturá-lo.

Na segundo capítulo, Ricardo apresenta a *problematização e contextualização no ensino de Física*. O discurso da problematização e da contextualização ganhou força no cenário educacional principalmente após os Parâmetros Curriculares Nacionais. No entanto, ao mesmo tempo em que os alunos convivem com acontecimentos sociais significativos estreitamente relacionados com a ciência e a tecnologia, e mesmo com produtos tecnológicos, recebem na escola um ensino de ciências que se mostra distante dos debates atuais. Assim, acaba se tornando uma necessidade didática não apenas para os professores em serviço, mas também para os professores em formação, a ideia de estruturar um ensino de física problematizado e contextualizado, que envolva os alunos e busque sua adesão ao projeto de ensino.

O tema das *práticas experimentais nas aulas de Física* é apresentado por Carvalho, no terceiro capítulo, no qual se discute a importância das práticas experimentais em um ensino de Física que leve os alunos a uma alfabetização científica. A autora analisa a construção do conhecimento científico realizada nos laboratórios científicos e, paralelamente, os problemas por que passa o ensino de Física ao introduzir as práticas experimentais para os alunos do Ensino Médio. O capítulo aborda as duas principais atividades experimentais tradicionalmente realizadas no Ensino de Física em nível médio: a demonstração realizada pelo professor e a aula de laboratório, quando os alunos realizam os experimentos, discutindo os graus de liberdades intelectuais que o professor dá a seus alunos.

O quarto capítulo é escrito por Pietrocola e apresenta o tema da *matemática como estruturante do pensamento físico: o papel da linguagem no ensino/aprendizagem de ciências*. O autor inicia discutindo a problemática encontrada entre os estudantes, que usualmente consideram as equações matemáticas como meras fórmulas, sem perceber que elas estão relacionadas a um modelo físico particular. Além disso, muitos professores têm a concepção ingênua de que a matemática é somente uma ferramenta do método empírico-indutivo. Entretanto, como linguagem da Física, a matemática é uma expressão do seu pensamento e não apenas um instrumento de comunicação. Na construção de modelos físicos, a matemática organiza as ideias sobre o mundo físico e empresta sua própria estrutura ao pensamento científico. O presente trabalho discute alguns aspectos da matematização na construção do conhecimento físico e suas implicações para o ensino/aprendizagem.

No quinto capítulo, Carvalho e Sasseron discutem as *abordagens histórico-filosóficas em sala de aula*. As autoras partem do pressuposto de que não basta conhecer apenas os resultados da Ciência, é preciso também oferecer condições para que a cultura científica seja conhecida pelos estudantes, criando a oportunidade de construir uma visão mais adequada sobre as ciências, os cientistas e seu trabalho. Entre os pesquisadores da área de ensino e aprendizagem de Ciências, muitos são os estudos que mencionam o potencial do uso de episódios de História das Ciências em sala de aula como forma de abordagem em prol da construção de uma visão mais apropriada das ciências. Neste capítulo, são discutidas as condições de implementação das atividades de História e Filosofia das Ciências no Ensino de

Ciências e mostra-se como os alunos do Ensino Médio trabalharam em duas atividades já testadas em sala de aula.

No sexto capítulo, Abib enfoca a *avaliação como processo de investigação para favorecer a aprendizagem em Física*. Assim como nos capítulos anteriores, vivemos atualmente em um momento de busca por grandes transformações nas visões sobre o papel do ensino de Física. Esse movimento, cada vez mais acentuado e evidente, está fortemente marcado por um esforço para implementar inovações que possibilitem uma compreensão mais adequada dessa ciência, de suas relações com as demais áreas do conhecimento e, consequentemente, uma preparação dos alunos para uma atuação crítica na sociedade contemporânea. Nessa perspectiva, segundo a autora, o processo de avaliação ocupa uma posição central, seja quanto ao seu caráter particularmente propulsor de modificações no ensino, seja em suas possibilidades de revelar as dificuldades de aprendizagem da Física.

Queremos, com este livro, dar condições, aos alunos dos cursos de licenciatura em Física e aos professores desta disciplina no Ensino Médio, de refletir sobre suas aulas e, principalmente, sobre a aprendizagem de seus alunos.

Anna Maria Pessoa de Carvalho

Sumário

Capítulo 1
Alfabetização científica e documentos oficiais brasileiros: um diálogo na estruturação do ensino da Física
Lúcia Helena Sasseron 1

Capítulo 2
Problematização e contextualização no ensino de Física
Elio Carlos Ricardo 29

Capítulo 3
As práticas experimentais no ensino de Física
Anna Maria Pessoa de Carvalho 53

Capítulo 4
A Matemática como linguagem estruturante do pensamento físico
Maurício Pietrocola 79

Capítulo 5

Abordagens histórico-filosóficas em sala de aula:
questões e propostas
Anna Maria Pessoa de Carvalho e Lúcia Helena Sasseron 107

Capítulo 6

A avaliação como um processo de investigação a favor da
aprendizagem em Ciências
Maria Lúcia Vital dos Santos Abib 141

CAPÍTULO 1
Alfabetização científica e documentos oficiais brasileiros: um diálogo na estruturação do ensino da Física

Lúcia Helena Sasseron

Um grande descompasso existe hoje entre o que a escola apresenta aos alunos e o mundo destes.

Vivemos em uma sociedade na qual os conhecimentos das ciências são utilizados por todos, principalmente na forma de aparelhos tecnológicos simples ou altamente sofisticados. O acesso a tais bens atinge cada vez mais e mais pessoas. No mesmo sentido, temos fácil acesso a informações, sejam elas de quaisquer áreas de interesse. Em contrapartida, a escola ensina, sobretudo e ainda, a Física de séculos passados. Espaço e tempo ainda são grandezas absolutas; o átomo ainda é um "pudim de passas" formado pelos indivisíveis prótons, nêutrons e elétrons; a eletricidade e o magnetismo quase não se unem...

Como, então, oferecer aos alunos condições para que sejam capazes de trabalhar com os conhecimentos e as tecnologias que os rodeiam em suas vidas, dentro e fora da escola? Como formar estudantes capazes de compreender informações, de tecer relações entre temas de seu interesse, de julgar prós e contras frente às situações que vivenciam e que, de uma forma ou de outra, afligem sua vida, a sociedade e o ambiente?

Urge a necessidade de formar cidadãos para o mundo atual, para trabalharem, viverem e intervirem na sociedade, de maneira crítica e responsável, em decisões que estarão atreladas a seu futuro, da sociedade e do planeta.

Mas essas não são preocupações recentes: desde o início dos anos 1900 é possível encontrar referências sobre a necessidade de arquitetar um currículo que leve em conta as dimensões socioculturais das ciências, ou seja, um currículo que considere o impacto do progresso promovido por esses conhecimentos e suas aplicações na vida de cada pessoa, na cultura e na sociedade.

Passado pouco mais de um século, essa necessidade continua em voga e avanços já foram alcançados. No momento em que vivemos, mais do que nunca é necessário preparar os estudantes para reconhecer informações, discriminar e selecionar aquelas que são relevantes para sua vida, perceber como certos acontecimentos têm relações e interagem com seu cotidiano, ser capaz de analisar e tomar decisões sobre assuntos que possam afetá-los de algum modo.

Surgem, então, novas questões: Como alcançar esses objetivos de formação dos estudantes? O que deve ser levado em consideração na proposição dos currículos para tornar mais eficaz a efetivação dos objetivos? E em sala de aula, quais ações e estratégias devem ser adotadas para tornar realidade a formação de cidadãos para o mundo atual?

Essas não são perguntas fáceis de serem respondidas. Assim como colocar em prática as respostas que podemos dar a elas também não é tarefa simples.

Voltando um pouco no tempo para seguir adiante

Desde o início dos estudos em Didática das Ciências, um dos temas que sempre ocuparam os pesquisadores da área e mereceram sua atenção são as questões ligadas ao planejamento e à elaboração curriculares.

Por que ensinar Física na escola? O que ensinar nas aulas de Física? Quais os objetivos do ensino da Física? Esses são exemplos de perguntas que nós, professores, sempre temos em mente ao planejar nossos cursos e elaborar nossos programas, aulas e atividades.

CAPÍTULO 1 Alfabetização científica e documentos oficiais brasileiros...

Em uma perspectiva histórica, considerando as preocupações com o ensino das Ciências, um dos grandes marcos em relação ao currículo pode ser fincado com o lançamento do satélite russo, o Sputnik, no final da década de 1950. Este acontecimento marca o início da corrida espacial disputada, sobretudo, entre a URSS (União das Repúblicas Socialistas Soviéticas) e os Estados Unidos da América. É com o intuito de atingir o primeiro lugar que o país americano começa a elaborar projetos de ensino de Ciências para capacitar mais e mais jovens para as carreiras científicas e tecnológicas.

Um dos objetivos do governo dos Estados Unidos era formar futuros cientistas e engenheiros. Por isso, tais projetos eram construídos pensando em despertar o interesse dos alunos para as Ciências e a Engenharia. Em sua maioria, o forte apelo à conceituação era marca registrada desses projetos. Mas ênfase também era dada à parte experimental, e os alunos eram convidados a resolver problemas e a investigar situações científicas.

A elaboração e a utilização de projetos para o ensino de Ciências acabou sendo adotada em outros lugares, e países como a Inglaterra e o Brasil, por exemplo, também mobilizaram os profissionais da área para o planejamento de suas próprias propostas.

No Brasil, os projetos seguiram ideias similares, mas o contexto sociocultural exigia que adaptações e reformulações fossem realizadas a fim de tornar as propostas mais adequadas à nossa realidade. Por algum tempo, esses projetos foram adotados em certas escolas de nosso país, traçando algumas diretrizes para a concretização de um currículo.

Mas é preciso destacar que a adoção de livros didáticos ou cadernos apostilados de sistemas de ensino é um fator que vem regulando o planejamento de currículos e de programas de cursos em muitas das escolas brasileiras. Na maioria das vezes, os materiais didáticos trazem uma concepção de ensino bastante tradicional e limitam-se, quase na totalidade, à informação e à transmissão de conteúdos aos estudantes. São também livros e apostilas dedicados a trabalhar as disciplinas cada uma a seu tempo, sem a preocupação de exprimir ou tecer as relações entre dimensões de certos assuntos que perpassam os conhecimentos assim propostos por diferentes áreas de estudo.

Uma crítica maior pode ser levantada quando percebemos que, em muitos casos, a adoção destes materiais didáticos não se configura apenas em fonte de auxílio para a preparação das aulas: não é incomum ver casos em que o planejamento do curso segue ponto por ponto o que está prescrito no sumário dessas publicações...

A LDB: diretrizes para a educação nacional

Em 1996, com a promulgação da nova Lei de Diretrizes e Bases da Educação Nacional, conhecida como LDB, o cenário educacional brasileiro ficou à mercê de modificações.

A LDB corrobora o que já havia sido colocado na Constituição Nacional promulgada em 1988 e enuncia a Educação Básica obrigatória e gratuita como correspondendo aos doze anos de escolarização formal (a partir de 2007, o total passa a ser de 13 anos devido ao acréscimo de um ano ao Ensino Fundamental), divididos em dois níveis de ensino: o Ensino Fundamental e o Ensino Médio.

Até mesmo anterior à promulgação da lei, em um âmbito global, uma nova maneira de conceber e, em decorrência, planejar e organizar currículos escolares era pensada e estudada por acadêmicos do mundo todo. Algumas das considerações que ocupavam a atenção destes estudiosos dizem respeito aos objetivos centrais planejados para a Educação Básica: a formação geral do cidadão e a sua preparação para o trabalho.

Fica claro que, ao almejar essas duas vertentes tão importantes na formação do indivíduo, espera-se contribuir para o desenvolvimento de habilidades que permitam a um cidadão atuar na sociedade contemporânea. Isso implica a possibilidade de ele compreender, intervir, investigar e participar das discussões que envolvem sua realidade. Nesse sentido, esferas morais de seu comportamento também precisariam receber atenção.

Em um breve retrospecto, é possível observar que a Educação, inclusive nos documentos oficiais, era centrada na transmissão de conteúdos. Nesse cenário, o papel do professor em sala de aula era de informar conhecimentos aos seus alunos. Estes, por sua vez, tinham papel preponderantemente passivo, sendo avaliados apenas a partir da quantidade de informações que eram capazes de registrar.

A preocupação com a formação geral dos estudantes demanda estender estas fronteiras: não basta mais que os alunos saibam apenas certos conteúdos escolares; é preciso formá-los para que sejam capazes de conhecer esses conteúdos, reconhecê-los em seu cotidiano, construir novos conhecimentos a partir de sua vivência e utilizá-los em situações com as quais possam se defrontar ao longo de sua vida. A educação escolar deixa de ter a obrigação de explorar apenas os assuntos de cada disciplina e precisa formar os alunos para viver em sociedade. Um papel bem mais amplo se comparado com a Educação que se previa alguns anos antes.

Mas como a escola formará seus estudantes para investigar o mundo, participar dele e intervir em sua realidade?

Mesmo que essa pergunta possa não ter uma resposta clara e objetiva, algumas considerações precisam ser feitas em relação a como deve ser o trabalho na sala de aula. E, nesse sentido, parece-nos concreto que desenvolver o espírito crítico requer oferecer espaço para discussões entre alunos e professores; desenvolver o espírito investigativo exige que se criem oportunidades de verdadeira investigação; desenvolver o espírito participativo e solidário, atento às próprias necessidades e às de outras pessoas, requer permitir a participação verdadeira dos alunos em sua formação, envolvendo-se com os colegas no processo de aprendizagem, negociando valores, significados e crenças.

PCNs e PCNs+: planejando as aulas a partir dos documentos oficiais

Com tais diretrizes prefiguradas na LDB, ainda na década de 1990, são publicados os Parâmetros Curriculares Nacionais (PCNs): orientações curriculares que vão além da simples lista de conteúdos e trazem associações entre aspectos conteudistas, metodológicos e epistemológicos que devem ser consideradas na elaboração e planejamento de currículos e cursos.

Os Parâmetros reafirmam as ideias já delineadas pela LDB, propondo duas linhas para a composição dos currículos escolares: a Base Comum Nacional e a Parte Diversificada.

Esse documento oferece claro incentivo ao desenvolvimento de projetos político-pedagógico pelas escolas e que as escolhas que norteiam a construção do currículo estejam em concordância com o que propõe e prevê este projeto.

Assim como já havia sido proposto pela LDB, os PCNs apresentam a interdisciplinaridade e a contextualização como eixos organizadores da doutrina curricular. Embora sejam termos que apareçam com grande frequência nas escolas, nas salas de professores e nos discursos pedagógicos, ainda é possível encontrar confusões no que diz respeito à compreensão do que realmente significam no contexto dos documentos que as propõem.

Tanto na LDB como nos PCNs, a interdisciplinaridade aparece descrita como a possibilidade de relacionar diferentes disciplinas em projetos e planejamentos de ensino da escola. Os PCNs fazem questão de frisar que a interdisciplinaridade não deve diluir as disciplinas, mas sim manter a individualidade de cada uma e, simultaneamente, congregar temas relacionados.

Nesses mesmos documentos, afirma-se que a contextualização deve ser entendida como a possibilidade de se transitar do plano experimental vivenciado para a esfera das abstrações e das construções que regem fenômenos.

Outra consideração importante a ser feita sobre os PCNs está ligada à apresentação da ideia de competências e habilidades a serem desenvolvidas pelos estudantes como parte dos objetivos que esperamos alcançar com a formação geral, para convívio na sociedade atual de maneira crítica e participativa.

Muitas das ideias apresentadas pelos PCNs encontram respaldo na "tipologia de conteúdos" (Coll, 1997; Zabala, 1998) que amplia os significados atribuídos aos conteúdos da aprendizagem: além de *o que ensinar*, o foco recai também sobre *por que ensinar*. A crítica está centrada na ênfase tradicionalmente atribuída pela escola ao aspecto cognitivo, e os autores clamam por uma escolarização que possa formar vínculos que definam as concepções pessoais do estudante sobre si e os demais. Os conteúdos passam, pois, a se mesclar com os objetivos educacionais. Esses conteúdos assumem o papel de envolver outras dimensões para a formação do indivíduo e são agrupados em três categorias: os conteúdos factuais ou conceituais, relacionados ao que se deve aprender; os conteúdos procedimentais, ligados ao que e como se deve proceder; e os conteúdos atitudinais, voltados para o que e como se espera que o indivíduo seja e aja em sociedade.

Para alcançar tais objetivos, uma extensa lista de competências e habilidades pode ser encontrada nos PCNs para cada uma das disciplinas da Base Comum Nacional. Apesar de essas listas diferirem entre si, há três grandes blocos nos quais elas se dividem: Representação e Comunicação; Investigação e Compreensão; e Contextualização Sociocultural.

Planejando as aulas de Física

Especificamente quanto aos "Conhecimentos de Física", encontramos afirmações sobre alguns dos objetivos do ensino desta disciplina nos PCNs:

> Espera-se que o ensino de Física, na escola média, contribua para a formação de uma cultura científica efetiva, que permita ao indivíduo a interpretação dos fatos, fenômenos e processos naturais, situando e dimensionando a interação do ser humano com a natureza como parte da própria natureza em transformação. Para tanto, é essencial que o conhecimento físico seja explicitado como um processo histórico, objeto de contínua transformação e associado às outras formas de expressão e produção humanas. É necessário também que essa cultura em Física inclua a compreensão do conjunto de equipamentos e

procedimentos técnicos ou tecnológicos, do cotidiano doméstico, social e profissional. (2002, p. 229)

Ressalta-se, assim, a necessidade de um currículo de Física que não se atenha apenas aos conhecimentos já propostos e sedimentados, mas que seja capaz de trabalhar também os caminhos pelos quais se chega até tais conhecimentos e as consequências que eles podem trazer para nossa vida: *ensinar Física e ensinar a pensar a e sobre a Física*.

Em relação às competências e às habilidades que a abordagem da Física no Ensino Médio deveria alcançar, os PCNs trazem a seguinte lista:

Tabela 1.1 – Competências e habilidades a ser desenvolvidas em Física

Representação e Comunicação	• Compreender enunciados que envolvam códigos e símbolos físicos. Compreender manuais de instalação e utilização de aparelhos. • Utilizar e compreender tabelas, gráficos e relações matemáticas gráficas para a expressão do saber físico. Ser capaz de discriminar e traduzir as linguagens matemática e discursiva entre si. • Expressar-se corretamente utilizando a linguagem física adequada e elementos de sua representação simbólica. Apresentar de forma clara e objetiva o conhecimento apreendido, através de tal linguagem. • Conhecer fontes de informações e formas de obter informações relevantes, sabendo interpretar notícias científicas. • Elaborar sínteses ou esquemas estruturados dos temas físicos trabalhados.
Investigação e Compreensão	• Desenvolver a capacidade de investigação física. Classificar, organizar, sistematizar. Identificar regularidades. Observar, estimar ordens de grandeza, compreender o conceito de medir, fazer hipóteses, testar.

(continua)

(continuação)

Investigação e Compreensão	• Conhecer e utilizar conceitos físicos. Relacionar grandezas, quantificar, identificar parâmetros relevantes. Compreender e utilizar leis e teorias físicas. • Compreender a Física presente no mundo vivencial e nos equipamentos e procedimentos tecnológicos. Descobrir o "como funciona" de aparelhos. • Construir e investigar situações-problema, identificar a situação física, utilizar modelos físicos, generalizar de uma a outra situação, prever, avaliar, analisar previsões. • Articular o conhecimento físico com conhecimentos de outras áreas do saber científico.
Contextualização Sociocultural	• Reconhecer a Física enquanto construção humana, aspectos de sua história e relações com o contexto cultural, social, político e econômico. • Reconhecer o papel da Física no sistema produtivo, compreendendo a evolução dos meios tecnológicos e sua relação dinâmica com a evolução do conhecimento científico. • Dimensionar a capacidade crescente do homem propiciada pela tecnologia. • Estabelecer relações entre o conhecimento físico e outras formas de expressão da cultura humana. • Ser capaz de emitir juízos de valor em relação a situações sociais que envolvam aspectos físicos e/ou tecnológicos relevantes.

Fonte: BRASIL. MEC. PCN. Brasília: Ministério da Educação, 2002. p. 237.

Podemos perceber que a lista de competências e habilidades que se espera desenvolver com o ensino de Física no Ensino Médio, se for verdadeiramente concretizada, explora as três dimensões de conteúdos propostas por Zabala (1998) e Coll (1997):

> Há menção, por exemplo, ao trabalho com conteúdos conceituais em trechos como: *"conhecer e utilizar conceitos físicos"* ou *"compreender enunciados que envol-*

vam códigos e símbolos físicos"; referência aos conteúdos procedimentais ao mencionar a necessidade de *"desenvolver a capacidade de investigação física. Classificar, organizar, sistematizar. Identificar regularidades. Observar, estimar ordens de grandeza, compreender o conceito de medir, fazer hipóteses, testar"*; e, por fim, registros ligados aos conteúdos atitudinais em trechos como *"ser capaz de emitir juízos de valor em relação a situações sociais que envolvam aspectos físicos e/ou tecnológicos relevantes"*.

Com isso, deve ser percebido que as proposições dos PCNs, assim como já prenunciava a LDB, enunciam a necessidade de modificações dos objetivos educacionais, perpassando por alterações nas práticas, estratégias e ações em sala de aula, bem como no papel de alunos e de professores no espaço escolar.

Vale ainda dizer que, embora consonantes com a intenção de serem diretrizes curriculares para o Ensino Médio, as ideias apresentadas nos PCNs trazem informações bastante gerais a respeito de como o programa de um curso pode ser desenhado. E com o objetivo de apresentar diretrizes mais específicas, em 2002, os PCNs+ surgem como orientações educacionais complementares. Voltam a afirmar que o desenvolvimento das habilidades e competências deve ser encarado como um processo contínuo, a ser desenvolvido ao longo da vida educacional do estudante.

Reforçando a ideia de que este desenvolvimento é possível por meio dos trabalhos com conteúdos conceituais, os PCNs+ trazem uma maior especificidade acerca de como poderia ser realizado o trabalho em sala de aula. Nesse documento, em relação à Física, aparece a proposição de trabalho da disciplina por meio de seis temas estruturadores. São eles:

1. movimentos – variações e conservações;
2. calor, ambiente, fontes e uso de energia;
3. equipamentos eletromagnéticos e telecomunicações;
4. som, imagem e informação;
5. matéria e radiação;
6. Universo, Terra e vida.

Os PCNs+ mencionam que, havendo seis temas, e sendo o Ensino Médio das escolas brasileiras composto de três anos letivos, o ideal seria o desenvolvimento de cada tema em um semestre letivo. É importante destacar que em seu texto encontramos a proposição de alguns possíveis cronogramas a partir dos quais os temas seriam explorados. Contudo, o texto afirma que a ordem crescente para o trabalho com os temas "pode ser uma opção viável" (Brasil, 1996, p. 33).

A respeito dos PCNs e dos PCNs+, não podemos deixar de comentar que, mesmo se tratando de orientações supostamente inovadoras, os temas da Física propostos como conteúdo curricular para o Ensino Médio representam assuntos que normalmente já são abordados neste âmbito. Tópicos como, por exemplo, Física Moderna e Contemporânea (FMC), já tão frequentemente mencionados como importantes abordagens para o Ensino Médio[1], aparecem diluídos no meio dos seis grandes temas, havendo a possibilidade de até mesmo não serem trabalhados, a depender dos caminhos que se escolha trilhar...

Mas, enfim, o que se espera encontrar na escola nas aulas de Física?

Quando temos por objetivo um ensino de Física que forme cidadãos capazes de participar, atuar e viver na sociedade atual, considerações precisam ser delineadas, dada a especificidade de nossa disciplina.

A ciência Física encontra-se em amplo desenvolvimento. Teorias, modelos e explicações são propostos por cientistas de nacionalidades diversas. O desenvolvimento de tecnologia associada aos conhecimentos propostos é uma consequência desses estudos e também, muitas vezes, é o que gera o próprio desenvolvimento de novas proposições no corpo da Ciência.

---

[1] Para uma discussão mais detalhada acerca das justificativas para a inserção de tópicos da FMC no Ensino Médio e propostas de sequências didáticas que abordem estes temas, ver, por exemplo: Terrazzan, 1992; Ostermann e Moreira, 2000; Peduzzi e Basso, 2005; Lobato e Greca, 2005; Brockington, 2005; Siqueira, 2006; Karam; Souza Cruz e Coimbra *et al.*, 2006.

São tantas as questões estudadas e a ser investigadas que a própria ciência Física apresenta-se hoje multifacetada em áreas; cada qual interessada em uma especificidade do mundo natural.

Para nós, de maneira mais direta, chegam a todo momento mais e mais aparelhos tecnológicos desenvolvidos, em sua maioria, em estreita relação com alguma área da Física.

Isso implica que os conhecimentos propostos pelos físicos fazem parte de nosso cotidiano. Implica, também, que atuar e participar da sociedade tecno-natural[2], na qual vivemos hoje, requer reconhecer a Física como uma cultura cujos conhecimentos nos fornecem possibilidades de compreender o mundo.

Vimos que os documentos oficiais são claros em frisar a necessidade de se formarem cidadãos prontos para trabalhar, atuar e participar da sociedade contemporânea. Para tal finalidade, deve ser desenvolvido trabalho conjunto entre todas as disciplinas do currículo da escola, partindo do projeto político-pedagógico ali proposto e vigente.

Mesmo se considerarmos diferenças sociais, econômicas, estruturais e culturais que as distintas escolas espalhadas pelo Brasil possam ter, ao pensar no ensino da Física, é necessário levar em consideração como os saberes desenvolvidos por esta área de conhecimento estão presentes em nosso dia a dia, afetando positivamente, ou não, nossas vidas.

Desde os anos 1990, alguma atenção já começava a recair sobre os aspectos funcionais da relação Ciência/Tecnologia e em como esta relação afeta nosso bem-estar, o desenvolvimento econômico e o progresso da sociedade (Hurd, 1998, Fourez, 1994, Lemke, 2006, Jiménez-Aleixandre, 2004). Nesse sentido, Hurd destaca que as pesquisas científicas têm hoje um caráter amplamente social, podendo mesmo envolver profissionais especialistas em diversas disciplinas. Assim sendo, as relações entre as Ciências, as Tecnologias e a Socie-

---

[2] O termo "tecno-natural" é utilizado por Fourez (1994, 2003) para fazer menção ao fato de que natureza e tecnologias estão articuladas, em um universo de finalidades, e assim se apresentam em nossas vidas.

dade tornaram-se mais fortes. E voltando às discussões anteriormente delineadas neste capítulo, o que poderia ser visto somente no contexto extraescolar, começa a ser compreendido como necessário e importante de ser debatido dentro das salas de aula.

Na tentativa de responder a questões como: *Que ciência deveria ser aprendida* e *por que os estudantes deveriam aprender ciências?*, Bybee e DeBoer (1994) mostram preocupação em que as aulas de Ciências ensinem os conceitos, leis e teorias científicas, os processos e métodos por meio dos quais esses conhecimentos são construídos, além de trabalharem com os alunos as aplicações das Ciências, revelando as relações entre Ciência, Tecnologia e Sociedade. Eles apontam ainda a necessidade de um currículo de Ciências que seja voltado para a formação pessoal, e dão base para essa ideia na importância de um currículo que acompanhe as mudanças sócio-históricas.

Revela-se, portanto, a importância de que a escola não se encarregue apenas de fornecer conteúdos aos seus estudantes, mas que também possa desenvolver entre eles uma racionalidade crítica que lhes ofereça condições de localizar socialmente os problemas científicos e, em consequência, permita-lhes participar de discussões referentes a problemas de seu entorno (Lemke, 2006; Sasseron, 2008; Sasseron e Carvalho, 2008; Jiménez-Aleixandre, 2004; Auler e Delizoicov, 2001; Cachapuz *et al.*, 2005; Bybee, 1995, entre outros).

Mais uma vez, percebemos que essas ideias também podem ser identificadas em certos enunciados dos documentos oficiais brasileiros, pois defende-se que ensinar Ciências e, em especial, a Física deixa de ser a mera apresentação de conceitos e fórmulas e passa a ser um processo em que os estudantes se engajam na construção de seus conhecimentos, investigando situações, coletando dados, levantando hipóteses, debatendo em busca de padrões que possam gerar uma explicação e, consequentemente, uma previsão, e propondo modelos explicativos. Paralelamente, ao permitir e propiciar o trabalho em grupo, enfatizam-se os aspectos da formação de autonomia moral, bem como instâncias ligadas aos modos de agir perante os problemas.

Além disso, nos dias atuais, importância cada vez maior vem sendo dada à necessidade de se prepararem os estudantes para um futuro sustentável. Assim, espera-se que eles sejam capazes de perceber que as ações de cada um de nós podem refletir na sociedade e no meio ambiente. Portanto, devemos assumir papel participativo nas tomadas de decisões que aflijam a sociedade como um todo (Gil-Pérez e Vilches-Peña, 2001; Gil-Pérez *et al.*, 2005; Lemke, 2006; Vazquéz-Alonso e Manassero-Mas, 2009).

Alfabetização científica

Antes de começarmos a falar sobre o que seja a alfabetização científica, é preciso deixar clara a nossa escolha pela utilização do termo *alfabetização*.

O conceito deriva originalmente do termo inglês *scientific literacy* e foi utilizado pela primeira vez em 1958, por Paul Hurd. Estudioso do currículo das Ciências, Hurd defende a necessidade de aulas de Ciências que ensinem o que está no cotidiano dos alunos; salienta que, uma vez que a sociedade depende dos conhecimentos cientificamente construídos, é preciso que esta mesma sociedade saiba mais sobre as Ciências e seus empreendimentos.

No Brasil, encontramos autores que usam as expressões "letramento científico", "enculturação científica" e "alfabetização científica" para designarem o objetivo do ensino de Ciências que almeja a formação cidadã dos estudantes para o domínio e uso dos conhecimentos científicos e seus desdobramentos nas mais diferentes esferas de sua vida. É importante perceber que no cerne das discussões levantadas por quem usa um termo ou outro estão as mesmas preocupações com o ensino de Ciências e motivos que guiam o planejamento deste ensino para a construção de benefícios práticos para as pessoas, a sociedade e o meio ambiente.

Nossa opção pela designação alfabetização científica encontra amparo na ideia de alfabetização concebida por Paulo Freire:

CAPÍTULO 1   Alfabetização científica e documentos oficiais brasileiros...

... a alfabetização é mais que o simples domínio psicológico e mecânico de técnicas de escrever e de ler. É o domínio destas técnicas em termos conscientes. (...) Implica uma autoformação de que possa resultar uma postura interferente do homem sobre seu contexto. (p. 111, 1980)

Assim pensando, a alfabetização deve desenvolver em uma pessoa qualquer a capacidade de organizar seu pensamento de maneira lógica, além de auxiliar na construção de uma consciência mais crítica em relação ao mundo que a cerca.

Uma concepção de ensino de Ciências que vise a alfabetização científica pode ser vista como um processo de "enculturação científica" dos alunos, no qual esperaríamos promover condições para que os alunos fossem inseridos em mais uma cultura, a cultura científica. Tal concepção também poderia ser entendida como um "letramento científico", se o considerarmos como o conjunto de práticas das quais uma pessoa lança mão para interagir com seu mundo e os conhecimentos dele. Mas utilizaremos o termo "alfabetização científica" para designar as ideias que temos em mente e que objetivamos ao planejar um ensino que permita aos alunos interagir com uma nova cultura, com uma nova forma de ver o mundo e seus acontecimentos, podendo modificá-lo e a si próprio por meio da prática consciente propiciada por sua interação cerceada de saberes de noções e conhecimentos científicos, bem como das habilidades associadas ao fazer científico.

Alfabetização científica no planejamento do currículo

A alfabetização científica configura-se como uma grande linha de pesquisa em Didática das Ciências e tem sido foco de interesse de pesquisadores e professores ao redor de todo o mundo.

Podemos notar que os objetivos pleiteados com a alfabetização científica condizem com os propósitos almejados pelos PCNs e pela LDB em relação a um ensino capaz de trabalhar as disciplinas de maneira integrada no currículo, contextualizando os temas e debates com a realidade dos estudantes a fim de que seja possível desenvolver saberes e habilidades que eles utilizarão em diferentes contextos de suas vidas, e não apenas no contexto escolar.

Apoiado na ideia de que as Ciências podem ser trabalhadas na sala de aula explorando as relações entre seus saberes, suas tecnologias e a sociedade, Fourez (2003, 2000) sugere que cursos de Ciências na escola básica devem preparar os alunos para interagirem com as Ciências e suas tecnologias mesmo que seus temas não venham a ser estudados, de maneira mais específica e sistemática, em outras situações de ensino formal. Percebemos aqui a tentativa de levar conhecimentos científicos a todos os estudantes e não somente àqueles que têm como pretensão seguir alguma carreira científica e/ou tecnológica após terminarem a Educação Básica.

Ideias de uma educação em Ciências que almeje a alfabetização científica também podem ser vistas em outros autores, como, por exemplo, em Hurd (1998) e Yore; Bisanz e Hand *et al.* (2003), que expressam a necessidade de a escola permitir aos alunos compreenderem e saberem sobre Ciências e suas tecnologias como condição para se tornarem cidadãos do mundo atual.

Em revisão da literatura da área sobre o que seja a alfabetização científica, foi possível perceber que diferentes autores listam diversas habilidades classificadas como necessárias aos alfabetizados cientificamente (Sasseron, 2008 e Sasseron e Carvalho, 2008).

É interessante ressaltar que, embora haja listas diferentes sobre tais habilidades, os pontos discutidos no âmago dos trabalhos desta revisão explicitam informações comuns que nos permitem afirmar a existência de convergências entre as diversas classificações. Em nossa opinião, podemos agrupar estas confluências em três blocos que englobam todas as habilidades listadas pelos diversos autores anteriormente estudados. Demos o nome de *Eixos Estruturantes da Alfabetização Científica* (Sasseron, 2008 e Sasseron e Carvalho, 2008) para estes grupos, pois, em nosso entendimento, os três eixos são capazes de fornecer bases suficientes que necessariamente devem ser consi-

CAPÍTULO 1   Alfabetização científica e documentos oficiais brasileiros...

deradas, no momento da elaboração e planejamento de aulas e propostas de aulas visando à alfabetização científica.

O primeiro dos três eixos estruturantes refere-se à *compreensão básica de termos, conhecimentos e conceitos científicos fundamentais* e constitui-se na possibilidade de trabalhar com os alunos a construção de conhecimentos científicos necessários para que lhes seja possível aplicá-los em situações diversas e de modo apropriado em seu dia a dia. Sua importância reside, ainda, na compreensão de conceitos-chave como forma de poder entender até mesmo pequenas informações e situações cotidianas, uma necessidade exigida em nossa sociedade atual.

Transpondo ao ensino da Física do Ensino Médio, entender conceitos físicos básicos, em muitas ocasiões, demandará dos estudantes compreender de que maneira foi possível propor as relações entre as variáveis do mundo natural. Assim, tão importante quanto saber os conceitos é compreender de que modo eles se estruturam tal como propostos. E a proximidade entre a Matemática e a Física, tradicionalmente trabalhada apenas pelo viés da operacionalização de exercícios didáticos, manifesta-se como uma possibilidade real durante a construção destes conceitos pelos estudantes: a leitura de tabelas e gráficos para posterior compreensão de fórmulas. Esse tema voltará a ser abordado no capítulo 3.

O segundo eixo preocupa-se com a *compreensão da natureza das Ciências e dos fatores éticos e políticos que circundam sua prática*. Duas contribuições essenciais à formação dos estudantes são destaque neste eixo. Uma delas reporta-se à ideia de Ciência como um corpo de conhecimentos em constantes transformações, envolvendo processo de aquisição e análise de dados, síntese e decodificação de resultados que originam os saberes. Explora-se que o caráter humano e social inerentes às investigações científicas seja colocado em pauta. A outra contribuição está relacionada às estratégias que podem ser utilizadas em sala de aula e ao comportamento assumido por alunos e professor sempre que defrontados com informações e conjunto de novas circunstâncias que exigem reflexões e análises. Há que se dar destaque ao modo como o ensino será encaminhado, como as atividades serão propostas e quais as condições oferecidas para que os alunos construam, por si próprios, com auxílio de seus colegas e do professor, suas concepções sobre os fenômenos investigados.

O terceiro eixo estruturante da alfabetização científica compreende o *entendimento das relações existentes entre Ciência, tecnologia, sociedade e meio ambiente*. Trata-se da identificação do entrelaçamento entre essas esferas e, portanto, da consideração de que a solução imediata para um problema em uma dessas áreas pode representar, mais tarde, o aparecimento de outro problema associado. Assim, esse eixo denota a necessidade de se compreender as aplicações dos saberes construídos pelas Ciências, considerando as ações que podem ser desencadeadas pela sua utilização. O trabalho com esse eixo deve ser garantido na escola, quando se tem em mente o desejo de um futuro sustentável para a sociedade e o planeta.

As propostas didáticas que surgirem respeitando-se esses três eixos devem ser capazes de promover oportunidades para a alfabetização científica, pois serão trabalhadas habilidades que convergem, de um modo ou de outro, para elucidar a forma como uma pessoa, considerada alfabetizada cientificamente, reage e age mostrando a utilização e/ou conhecimentos relacionados aos três eixos acima comentados; são, então, algumas competências próprias das Ciências e do fazer científico que esperamos desenvolver entre os alunos do Ensino Fundamental e do Ensino Médio como prerrogativa para a sua alfabetização científica. Eles devem nos mostrar como, durante o processo da alfabetização científica, se dá a busca por relações entre o que se vê do problema investigado e as construções mentais que levem ao entendimento dele. Além disso, as habilidades abrangem os três eixos estruturantes, perpassando por múltiplas esferas da ciência e dos saberes científicos, pois se estendem desde a compreensão do modo como os cientistas realizam suas pesquisas e quais os passos e etapas que sucedem durante este trabalho até o conhecimento e a percepção do uso desses saberes na e pela sociedade como um todo. Sendo assim, essas habilidades são destrezas empregadas pelas pessoas em diversos contextos, e não somente em salas de aula de Ciências.

Partimos do pressuposto de que é possível encontrar indicadores de que essas habilidades estão sendo trabalhadas e desenvolvidas pelos estudantes ao longo das aulas, ou seja, defendemos a existência de *indicadores da alfabetização científica* (Sasseron, 2008 e Sasseron e Carvalho, 2008) capazes de nos trazer evidências de como os estudantes trabalham durante a investigação de um problema e a discussão de temas de Ciências, fornecendo elementos para se dizer que a alfabetização científica está em processo de desenvolvimento para eles.

O que e quais são os indicadores da alfabetização científica?

Sabemos que a alfabetização científica (AC) é um processo que, uma vez iniciado, deve estar em constante construção, assim como as próprias Ciências, pois, à medida que novos conhecimentos sobre o mundo natural são alcançados pelos cientistas, novas formas de aplicação são encontradas e novas tecnologias surgem, trazendo, por sua vez, novidades a toda a sociedade. Concebemos, pois, a alfabetização científica como um estado em constantes modificações e construções, dado que, todas as vezes que novos conhecimentos são estabelecidos, novas relações precisam surgir, tornando-a cada vez mais complexa e coesa. Apesar disso, é possível almejá-la e buscar desenvolver certas habilidades entre os alunos. Os *indicadores da alfabetização científica* têm a função de nos mostrar algumas destrezas que acreditamos necessárias para vislumbrar se a AC está em processo de desenvolvimento entre os alunos.

A *seriação de informações* é um de nossos indicadores da alfabetização científica. Ela deve surgir quando se almeja o estabelecimento de bases para a ação investigativa. Não prevê, necessariamente, uma ordem que deva ser estabelecida para as informações: pode ser um rol, uma lista de dados trabalhados ou com os quais se vá trabalhar.

A *organização de informações* ocorre nos momentos em que se discute sobre o modo como um trabalho foi realizado. Esse indicador pode ser vislumbrado quando se explicita a busca por um arranjo de informações novas ou já elencadas anteriormente. Pode surgir tanto no início da proposição de um tema quanto na retomada de uma questão.

A *classificação de informações* aparece quando se busca estabelecer características para os dados obtidos, o que pode fazer com que essas informações sejam apresentadas conforme uma hierarquia, embora o aparecimento dessa hierarquia não seja condição *sine qua non* para a classificação de informações. Constitui-se em um indicador voltado para a ordenação dos elementos com os quais se está trabalhando, procurando uma relação entre eles.

O *levantamento de hipóteses* aponta instantes em que são alçadas suposições acerca de certo tema. Esse levantamento de hipóteses pode surgir tanto na forma de uma afirmação quanto na de uma pergunta (atitude muito usada entre os cientistas quando se defrontam com um problema).

O *teste de hipóteses* constitui-se nas etapas em que se colocam à prova as suposições anteriormente levantadas. Pode ocorrer tanto diante da manipulação direta de objetos quanto no nível das ideias, quando o teste é feito por meio de atividades cognitivas com base em conhecimentos anteriores.

A *justificativa* aparece quando, em uma afirmação qualquer, lança-se mão de uma garantia para o que é proposto. Isso faz com que a afirmação ganhe aval, tornando-se mais segura.

O indicador da *previsão* é explicitado ao afirmar uma ação e/ou fenômeno ocorrendo em associação (e como decorrência) a certos acontecimentos.

A *explicação* surge quando se busca relacionar informações e hipóteses já levantadas. Normalmente, à explicação segue-se uma justificativa para o problema, mas é possível encontrar explicações que não possuem essas garantias. Mostram-se, pois, explicações ainda em

CAPÍTULO 1 Alfabetização científica e documentos oficiais brasileiros...

fase de construção que certamente receberão maior autenticidade ao longo das discussões.

Estes três indicadores – justificativa, explicação e previsão – estão fortemente imbricados entre si, e a completude da análise de um problema se dá quando é possível construir afirmações que mostram relações entre eles, pois, desse modo, têm-se elaborada uma ideia capaz de estabelecer um padrão de comportamento que pode ser estendido a outras situações. Além disso, essa ideia, se bem estruturada, deve permitir que se percebam as relações existentes entre os fenômenos do mundo natural e as ações humanas sobre ele. Caso isso ocorra, estaremos diante de outra habilidade importante para o desenvolvimento da alfabetização científica, principalmente para a Física: a construção de *modelo explicativo* capaz de tornar clara a compreensão que se tem de um problema qualquer assim, as relações podem ser construídas entre esse conhecimento e outras esferas da ação humana.

Por fim, tendo em mente a estruturação do pensamento que molda as afirmações feitas e as falas promulgadas durante as aulas de Ciências, são dois os indicadores da alfabetização científica que esperamos encontrar: o *raciocínio lógico*, que compreende o modo como as ideias são desenvolvidas e apresentadas; e relaciona-se, pois, diretamente com a forma como o pensamento é exposto. E o *raciocínio proporcional*, que, como o raciocínio lógico, dá conta de apontar o modo como se estrutura o pensamento, além de se referir à maneira como variáveis têm relações entre si, ilustrando a interdependência que pode existir entre elas.

A importância do raciocínio lógico pode ser claramente percebida se levarmos em consideração que os conhecimentos propostos pelas Ciências e, em especial, pela Física, são saberes cuja estrutura interna é bastante coerente, trabalhando variáveis distintas em busca de uma relação capaz de explicar e prever situações. O raciocínio proporcional, por sua vez, é também uma forma lógica de raciocinar, mas outra esfera dessa maneira de pensar precisa ser destacada: o raciocínio proporcional está fortemente ligado à Matemática e aos seus conhecimentos, e, uma vez que a Física exprime seus construtos na linguagem matemática, saber utilizar bem o raciocínio proporcional demonstra que mais um passo está sendo dado para se compreender como podemos descrever e entender os fenômenos naturais.

E a alfabetização científica nas aulas de Física?

Assim como os PCNs e os PCNs+ afirmam que o desenvolvimento das competências e das habilidades por eles propostas deve se dar em um processo contínuo durante a formação do estudante, alfabetizar cientificamente também é uma atividade sequencial e constante que devemos promover na sala de aula.

Parece-nos lógico que alfabetizar cientificamente envolve proporcionar espaço, oportunidades e possibilidades para que os estudantes sejam apresentados a conceitos científicos e com eles possam trabalhar, investigando problemas e construindo relações entre o que já se conhece de seu cotidiano e as novas informações que o trabalho na escola proporciona. Caracteriza-se, pois, por um trabalho que deve mesclar, de maneira bastante intensa, o mundo escolar e o mundo extraescolar, permitindo que conhecimentos de um e de outro sejam utilizados em ambos os universos.

Se pretendemos que a alfabetização científica seja alcançada, é importante considerar que esforços devem ser feitos desde o início da escolarização de nossos alunos. Assim, ainda no Ensino Fundamental, a elaboração de propostas que levem em conta os eixos estruturantes pode alcançar bons resultados.

Nessa perspectiva, a alfabetização científica pode e deve ser compreendida como um esforço associado das três disciplinas científicas da Base Comum Nacional: a Física, a Química e a Biologia. Por estar ligada a uma ciência em específico, cada disciplina deverá ter peculiaridades quanto aos tipos de investigações propostas aos estudantes bem como em relação ao tipo de conhecimento construído por eles e os mecanismos utilizados neste momento de negociação de significados.

No que tange ao ensino da Física, além de se considerarem os eixos estruturantes na proposição de sequências de aulas, verificar se os indicadores de alfabetização científica estão presentes quando os estudantes realizam as diferentes atividades em sala de aula pode nos fornecer evidências de como o processo está sendo alcançado. Damos ênfase ao papel investigativo do ensino que pode ser explorado na realização de atividades abertas com os alunos, para que eles, tal como a própria Física faz, proponham suas explicações para as situações estudadas.

Na sala de aula: ações para um currículo de Física que visa à alfabetização científica

Pensados e planejados o currículo e o programa de um curso de Física, não se pode deixar de considerar quais estratégias de ação serão utilizadas para alcançar os objetivos inicialmente propostos.

Aqui, reivindicamos aulas em que os alunos sejam convidados a trabalhar em grupo, a participar de discussões com seus colegas e com o professor, a escrever relatórios, preparar gráficos e tabelas, a compreender o porquê de uma dada fórmula e o seu significado. Resulta daí que ensinar e aprender Física é mais do que conhecer os conceitos principais e suas fórmulas para resolver problemas de lápis e papel: ensinar e aprender Física exige que haja discussões, que ocorram momentos de investigação em que hipóteses sejam consideradas e testadas e os dados, coletados e organizados de modo a permitir perceber quais as variáveis realmente são importantes para aquele problema e como elas se relacionam entre si.

Algumas dessas estratégias serão mais bem discutidas e trabalhadas nos próximos capítulos. São indicações que contemplam aspectos da Alfabetização Científica, mas que também encontram respaldo e ressonância nas orientações propostas nos PCNs+.

Criar relações entre o que é discutido em sala de aula e o mundo externo à escola, antes e depois da abordagem de um tema, é uma das estratégias que devemos ter em mente durante a realização das atividades (e será discutida com mais detalhes no capítulo 2). Não se trata somente de contextualizar o tema, mostrando em quais situações do dia-a-dia os conhecimentos científicos estudados aparecem; trata-se, sobretudo, de gerar possibilidades de um envolvimento social pelos estudantes, envolvimento este que lhes permita identificar outras situações, investigá-las e organizar ideias que lhes possibilitem posicionar-se em ocasiões nas quais aquele tema está em foco.

Outro ponto que não pode ser desconsiderado na busca da alfabetização científica dos estudantes é permitir o conhecimento de aspectos da natureza das Ciências por meio de investigações que se aproximem de certas características do trabalho científico. Este tema voltará a ser discutido no capítulo 3. Nesse sentido, há a necessidade de considerar quais são as noções e conceitos que os alunos já possuem sobre os temas da Física que se vai abordar. A resolução de problemas pode ser realizada de diferentes maneiras: desde a proposição de problemas abertos, resolvidos sem a necessidade de materiais práticos, até o convite para a experimentação. O importante, qualquer que seja o problema apresentado, é que a resolução tenha sentido para os alunos e que, na medida do possível, distancie-se cada vez mais daqueles trabalhos experimentais nos quais os estudantes não têm outro papel senão o de coletores de dados para a confirmação de uma ideia teoricamente já discutida na sala de aula.

Ainda é necessário mencionar a importância de levar os alunos a perceber as dimensões histórica, social e cultural embutidas na construção dos conhecimentos nas Ciências e, em particular, na Física. Discussões mais consistentes sobre esse tema serão apresentadas no capítulo 4. Permitir que os estudantes percebam que o cientista faz parte de um contexto sócio-histórico-cultural que o molda como pessoa é uma das formas de se iniciar um processo que quebra a concepção de Ciência como um corpo de conhecimento neutro e isolado da sociedade e de seus interesses.

Por fim, mas não menos importante, mencionamos os cuidados que precisam ser considerados na avaliação dos estudantes. Este tema será abordado com mais propriedade no capítulo 6, mas já mencionamos aqui a necessidade e a importância de uma avaliação contínua que dê conta de perceber os progressos que os estudantes vão alcançando ao longo das aulas. Essa premissa vai ao encontro das ideias expostas nos documentos oficiais, e, em nome da formação do estudante para sua atuação na vida na sociedade atual, também se considera que as habilidades necessárias sejam desenvolvidas em um processo contínuo, revisitadas em diferentes momentos, complementadas e aprimoradas durante toda sua formação, no processo de alfabetização científica.

Referências bibliográficas

AULER, D. e DELIZOICOV, D. Alfabetização científico-tecnológica para quê? *Ensaio – Pesquisa em Educação em Ciências*. v. 3, n. 1, jun. 2001.

BRASIL. Lei de diretrizes e bases da educação nacional. *Diário Oficial da União*, 20 de dezembro de 1996.

BROCKINGTON, G. *A realidade escondida*: representações físicas do microcosmo para estudantes do Ensino Médio. São Paulo, 2005. Dissertação. Instituto de Física e Faculdade de Educação da Universidade de São Paulo.

BYBEE, R. W. Achieving Scientific Literacy. *The Science Teacher*, v. 62, n. 7, p. 28-33, 1995.

_____ e DEBOER, G. E., "Research on Goals for the Science Curriculum", In: GABEL, D. L. (Ed.). *Handbook of research in science teaching and learning*. New York: McMillan, 1994.

CACHAPUZ, A. et al. (Orgs.). *A necessária renovação do ensino de Ciências*, São Paulo: Cortez, 2005.

COLL, C. *Psicologia e currículo: uma aproximação psicopedagógica à elaboração do currículo escolar*. São Paulo: Ática, 1997.

FOUREZ, G. Crise no Ensino de Ciências? *Investigações em ensino de Ciências*, v. 8, n. 2, 2003.

_____. L'enseignement des sciences en crise. *Le Ligneur*, 2000.

_____. *Alphabétisation scientifique et technique* – Essai sur les finalités de l'enseignement des sciences. Bruxelas: DeBoeck-Wesmael, 1994.

FREIRE, P. *Educação como prática da liberdade*. São Paulo: Paz e Terra, 1980.

GIL-PÉREZ, D.; VILCHES-PEÑA, A., Una alfabetización científica para el siglo XXI: obstáculos y propuestas de actuación. In: *Investigación en la escuela*, v. 43, n. 1, p. 27-37, 2001.

GIL-PÉREZ, D. et al. *¿Como promover el interés por la cultura científica?* Una propuesta didáctica fundamentada para la educación científica de jóvenes de 15 a 18 años. Santiago: OREALC/Unesco, 2005.

HURD, P. D. Scientific Literacy: New Minds for a Changing World. *Science Education*, v. 82, n. 3, p. 407-416, 1998.

JIMÉNEZ-ALEIXANDRE, M. P. La catástrofe del *prestige*: racionalidad crítica *versus* racionalidad instrumental. *Cultura y Educación*, v. 16, n. 3, p. 305-319, 2004.

KARAM, R. A. S.; SOUZA CRUZ, S. M.; COIMBRA, D. Tempo relativístico no início do Ensino Médio. *Revista Brasileira de Ensino de Física*, v. 28, n. 3, p. 373-386, 2006.

LEMKE, J. L. Investigar para el futuro de la Educación Científica: nuevas formas de aprender, nuevas formas de vivir. *Enseñanza de las Ciencias*, v. 24, n. 1, p. 5-12, 2006.

LOBATO, T.; GRECA, I. M. Análise da inserção de conteúdos de Teoria Quântica nos currículos de Física do Ensino Médio. *Ciência & Educação*, v. 11, n. 1, p. 119-132, 2005.

ORIENTAÇÕES CURRICULARES PARA O ENSINO MÉDIO. Brasil: Ministério da Educação/SEB, 2006.

OSTERMANN, F.; MOREIRA, M.A. Uma revisão bibliográfica sobre a área de pesquisa "Física Moderna e Contemporânea no Ensino Médio". *Investigações em Ensino de Ciências*, v. 5, n. 1, p. 23-48, 2000.

PARÂMETROS CURRICULARES NACIONAIS PARA O ENSINO MÉDIO. Brasil: Ministério da Educação/SEM, 1999.

PCN+ ENSINO MÉDIO: ORIENTAÇÕES EDUCACIONAIS COMPLEMENTARES AOS PARÂMETROS CURRICULARES NACIONAIS. Brasil: Ministério da Educação/Semtec, 2002.

PEDUZZI, L. O. Q.; BASSO, A. C. Para o ensino do átomo de Bohr no nível médio. *Revista Brasileira de Ensino de Física*, v. 27, n. 4, p. 545-557, 2005.

SASSERON, L. H. *Alfabetização científica no ensino fundamental: estrutura e indicadores deste processo em sala de aula*. São Paulo, 2008. Tese. Faculdade de Educação, Universidade de São Paulo,

SASSERON, L. H.; CARVALHO, A. M. P. Almejando a alfabetização científica no ensino fundamental: a proposição e a procura de indicadores do processo. *Investigações em Ensino de Ciências*, v. 13, n. 3, p. 333-352, 2008.

SIQUEIRA, M. R. P. *Do visível ao indivisível: uma proposta de ensino de Física de Partículas Elementares para Educação Básica*. São Paulo, 2006. Dissertação. Instituto de Física e à Faculdade de Educação, Universidade de São Paulo.

TERRAZZAN, E. A. A inserção da física moderna e contemporânea no ensino de Física na escola de 2º grau. *Caderno Catarinense de Ensino de Física*, v. 9, n. 3, p. 209-214, 1992.

VAZQUÉZ-ALONSO, A.; MANASSERO-MAS, M. A. La relevancia de la educación científica: actitudes y valores de los estudiantes relacionados con la ciencia y la tecnología. *Enseñanza de las Ciencias*, v. 27, n. 1, p. 503-512, 2009.

YORE, L. D.; BISANZ, G. L; HAND, B. M. Examining the literacy component of science literacy: 25 years of language arts and science research. *International Journal of Science Education*, v. 25, n. 6, p. 689-725, 2003.

ZABALA, A. *A prática educativa: como ensinar*. Porto Alegre: Artmed, 1998.

Preparando-se para o trabalho como professor

Neste momento é importante colocar as informações acima apresentadas em discussões que possibilitem relacioná-las e estabelecer os vínculos mais adequados para o seu contexto. Convidamos você a se reunir com colegas para discutir algumas questões.

Um bom exercício para iniciar este trabalho é começar a pensar em relações entre as competências e as habilidades planejadas pelos PCNs e PCNs+ e nas estratégias de ação para colocá-las em prática:

- Quais ações em sala de aula podem ser propostas pelo professor a fim de detonar o desenvolvimento de cada uma das habilidades e competências?

- Como um currículo de Física do Ensino Médio deveria estar desenhado caso pretenda alfabetizar cientificamente os estudantes?

- Tendo, agora, como questão central, o planejamento de um programa de curso, é preciso considerar a sala de aula.

- Desenhe um plano de aula, ou uma sequência de aulas, em que um tema da Física seja tratado.

- Quais competências e habilidades serão trabalhadas com essa proposta? De que modo elas serão trabalhadas?

- Ao propor esta sequência de aulas, organizada em função das competências e habilidades delineadas nos PCNs, os eixos estruturantes da alfabetização científica estão presentes? Como?

CAPÍTULO 2
Problematização e contextualização no ensino de Física

Elio Carlos Ricardo

No início de cada ano escolar, o professor se depara com várias turmas de alunos para as quais pretende ensinar o que estabelecem os programas curriculares. Essa parece ser uma prática rotineira no ambiente escolar. No entanto, os saberes escolares vêm sendo cada vez mais colocados em questão. Ou seja, as exigências do mundo moderno fazem com que a pertinência do que se ensina na escola e a formação que ela oferece sejam questionadas. Mais que em outras épocas, os alunos resistem em aderir ao projeto de ensino, externando um sentimento de dúvida em relação à preparação que estariam recebendo para enfrentar as dificuldades que supostamente esperam encontrar em suas vidas.

Mais que em outras áreas, no caso do ensino das Ciências de modo geral, e da Física em particular, isso se torna evidente, pois, ao mesmo tempo em que os alunos convivem com acontecimentos sociais significativos estreitamente relacionados com as Ciências, e a Tecnologia e seus produtos, recebem na escola um ensino de Ciências que se mostra distante dos debates atuais. Muitas vezes, os alunos acabam por identificar uma Ciência ativa, moderna, e que está presente no mundo real, todavia, distante e sem vínculos explícitos com uma Física que só "funciona" na escola. Não é por outra razão que os professores frequentemente apontam a falta de interesse e motivação dos alunos como um dos obstáculos para a aprendizagem.

Mas, como seria se esse professor, habituado com as rotinas da escola, começasse a questionar o porquê de se ensinar Física? Se seus alunos gostam de Física? Ou ainda, se todos os seus alunos são capazes de aprender o que se pretende ensinar a eles? Se a resposta a essa última questão for negativa, então uma prática de ensino que leve apenas uma pequena parte dos alunos à aprendizagem seria aceitável, pois nem todos conseguem aprender! No entanto, se a resposta for afirmativa, então outra pergunta se segue: Como levar cada um dos alunos a se apropriar de algum conhecimento, respeitando sua individualidade e, ao mesmo tempo, trabalhando com uma classe em que este mesmo aluno é um sujeito coletivo?

Tais questionamentos se associam a outros desafios impostos aos professores, a saber, administrar a heterogeneidade em sala de aula, criar situações de aprendizagem, compreender o processo de didatização dos saberes escolares e lidar com as representações e concepções dos alunos, entre outros. Todavia, se é verdade que em educação não se deve buscar receitas prontas para a solução de problemas dessa natureza, também é verdade que há alternativas e possibilidades para se enfrentar didaticamente os cenários que se apresentam.

O professor, ao estabelecer seus primeiros contatos com as turmas, já possui uma relação com os saberes disciplinares daquilo que pretende ensinar, mas os alunos ainda não têm essa relação. Quando a têm é frágil, porque, embora tragam consigo explicações para os fenômenos da natureza, associam-nas ao senso comum. As pesquisas se referem a esses conhecimentos como concepções alternativas ou espontâneas, construídas, em sua maioria, a partir das experiências cotidianas e da vivência com os outros sujeitos. O início dessa relação didática, que se estabelece entre o professor e os alunos diante de um conjunto de saberes a ensinar, é um momento de risco, pois, dependendo das escolhas didáticas feitas, aquelas concepções podem se consolidar e se tornar verdadeiros obstáculos à aprendizagem, sobrevivendo até mesmo aos projetos de ensino subsequentes.

Alguns alunos acabarão entrando no "jogo didático" e perceberão as práticas e estratégias do professor e poderão se sair bem nas avaliações, por exemplo, já que sabem apresentar as respostas que se espera que deem. Entretanto, haverá aqueles que não entrarão nesse jogo e passarão por grandes dificuldades na escola. Esses contarão, principalmente, com a sensibilidade do professor para incluí-los no jogo. Aqueles mais experientes e sensíveis aos problemas dos alunos poderão fazê-lo, mas essa percepção é muito importante na formação do aluno para apostar apenas na sensibilidade do professor. Desse modo, tais problemas deveriam ser tratados já na formação desse professor, tanto inicial quanto continuada.

Ao discutirem tais questões no ensino das Ciências, vários autores (Astolfi *et al.*, 2002; Perrenoud, 2000; Meirieu, 1998; Jonnaert, 1996) destacam, entre outros pontos, a necessidade de prover os docentes de instrumentos didáticos para que eles possam analisar e refletir a respeito de suas práticas de ensino e buscar uma aproximação entre o seu discurso e o discurso dos alunos. Ou seja, mediar a relação entre estes e os saberes escolares que se pretende ensinar. Dito de outro modo: ampliar o espaço de diálogo entre professor – saber a ensinar – e alunos. Um dos requisitos para isso consiste em transformar didaticamente o que foi um problema da Ciência em um problema para os alunos. Seria isso uma problematização? Ou seria uma contextualização?

Como construir uma sequência didática que tenha como ponto de partida uma problematização, sustentada em uma situação tal que os alunos se deparem com a necessidade de se apropriar de um conjunto de saberes que ainda não têm, e que permita uma contextualização? Essas questões e suas alternativas didático-metodológicas serão tratadas a seguir, inseridas na estrutura das situações de aprendizagem que se encontram no coração da relação didática estabelecida no interior de uma sala de aula.

A contextualização sob três enfoques

A ideia de um ensino de Física contextualizado está cada vez mais presente no discurso dos professores e educadores, o que não significa, necessariamente, que seja uma prática corrente na escola. Os próprios documentos oficiais do Ministério da Educação ressaltam a contextualização, juntamente com a interdisciplinaridade, como um dos pressupostos centrais para implementar um ensino por competências. Isso fica especialmente claro nas Diretrizes Curriculares Nacionais para o Ensino Médio (DCNEM) e nos Parâmetros Curriculares Nacionais (PCNs e PCNs+). Todavia, um consenso em relação ao que seja um ensino de Física contextualizado está longe de acontecer.

É bastante comum, entretanto, associar a contextualização com o cotidiano dos alunos e seu entorno físico. Ou ainda, a atribuição de um certo valor de uso aos saberes escolares, na expectativa de responder aos questionamentos daqueles alunos que não veem sentido em aprender Ciências na escola. Em síntese, a contextualização parece servir como elemento motivador da aprendizagem. Essa interpretação da contextualização acaba sendo reforçada pelas próprias DCNEMs, ao se afirmar que *"é possível generalizar a contextualização como recurso para tornar a aprendizagem significativa ao associá-la com experiências da vida cotidiana ou com os conhecimentos adquiridos espontaneamente"* (Brasil, 1999, p. 94). A ausência de mais discussões leva a compreensões simplificadas da contextualização como mera ilustração para iniciar o estudo de determinado assunto, ainda que a busca por um sentido àquilo que se ensina seja enfatizada.

Essa busca de significado é reforçada nos PCNs+, ao considerarem a contextualização como condição indispensável para a interdisciplinaridade: "a forma mais direta e natural de se convocarem temáticas interdisciplinares é simplesmente examinar o objeto de estudo disciplinar em seu contexto real, não fora dele" (Brasil, 2002, p. 14). Nos PCNs+ a contextualização, de certa forma, precede a interdisciplinaridade. Mas, a perspectiva sócio-histórica é assumida por esse documento, que se torna clara com a afirmação: "a contextualização no ensino de ciências abarca competências de inserção da ciência e de suas tecnologias em um processo histórico, social e cultural e o reconhecimento e discussão de aspectos práticos e éticos da ciência no mundo contemporâneo" (Idem, p. 31). Esta é uma forma possível de se entender a contextualização. Haveria a possibilidade de inserir a contextualização no campo epistemológico ao considerar que a escola teria também o papel de proporcionar aos alunos a capacidade de abstração e de entender a relação entre um modelo teórico e a realidade.

Um terceiro enfoque, que articula os dois anteriores, estaria relacionado às transformações sofridas pelos saberes escolares até chegarem à sala de aula, como produto de uma didatização. Ou seja, o contexto original de produção da Ciência Física não é o mesmo da Física escolar. É o que Chevallard (1991) chama de Transposição Didática. Essas três dimensões da contextualização estão interligadas e sua distinção serve aqui mais para fins didáticos. Todavia, isso não diminui a relevância em estender um pouco mais a discussão dessas três perspectivas da contextualização.

De onde vêm os conteúdos que são ensinados na escola? Dos livros didáticos; dos programas? Mas, antes disso? Yves Chevallard, matemático francês, apoiando-se nas ideias de Michel Verret (1975), desenvolveu a noção de Transposição Didática e procurou analisar o caminho percorrido pelos saberes produzidos por cientistas até chegarem à sala de aula. Chevallard (1991) mostrou que não se tratam de meras simplificações, mas que os saberes escolares são, na verdade, um novo saber reorganizado e com modificações sofridas ao longo desse percurso, de modo que estejam aptos a ser ensinados. O autor estabelece, pelo menos, três esferas de saber: o *saber sábio*, produzido nas esferas científicas; o *saber a ensinar*, presente nos manuais[1], livros didáticos e programas e, finalmente, o *saber ensinado*, aquele trabalhado na sala de aula. Para Chevallard (1991, p. 18), "o saber

---

[1] Manuais aqui indicam livros muito comuns na formação inicial, tais como Halliday *et al.* (2003), Nussenzveig (2002), Jackson (1998), Eisberg e Resnick (1988) e outros.

produzido pela transposição didática será, portanto, um saber exilado de suas origens e separado de sua produção histórica na esfera do saber sábio".

Embora tais constatações pareçam óbvias, a ideia da Transposição Didática não é trivial, pois questiona as referências dos saberes escolares e sua pertinência como tal. É possível entender agora por que não é fácil interrogar a relevância do que é ensinado na escola, uma vez que se estaria aparentemente questionando a relevância da Ciência para a sociedade. Depois de constatar que há diferenças entre a Física ensinada e a Ciência Física, a credibilidade assegurada pela legitimidade epistemológica atribuída à Física não é garantida para o seu ensino. A pesquisa científica se justifica por si mesma, mas o seu ensino não. Nas palavras de Chevallard, "nenhum saber ensinado se autoriza por si mesmo" (1994, p. 146). Ou seja, a Ciência Física e o ensino de Física se inserem em projetos sociais e formativos distintos.

Esses saberes a ser ensinados passarão por transformações e reorganizações e assumirão uma nova forma que envolve alguns processos identificados por Chevallard, a saber, a *despersonalização*, a *programabilidade*, a *desincretização* e a *descontextualização*. A dinâmica de seus atores, a subjetividade dos pesquisadores, os investimentos pessoais e as contribuições anteriores desaparecem, caracterizando-se por uma despersonalização daqueles saberes, que são retirados do seu nicho interno de pesquisa para assumir a forma de um texto que possa integrar os programas e materiais didáticos. A isso se soma a programabilidade da aquisição dos saberes a ensinar, pois há etapas de aprendizagem e tempos definidos a ser considerados.

A desincretização delimita os campos de saberes, separando as práticas teóricas das práticas de aprendizagem específicas, dissociando os modelos teóricos do corpo original em conceitos assumidos como independentes. Isso permite a divisão dos saberes a ensinar em disciplinas, capítulos e seções referentes a um projeto didático[2]. Além disso, um saber a ensinar deverá satisfazer algumas exigências de

---

[2] Um exemplo disso é analisado em Pinho-Alves *et al.* (2001).

ordem prática e se adequar a um encadeamento sequencial lógico compatível com o tempo legal de ensino, com o tempo didático e com a estrutura escolar. O saber a ensinar passará por uma descontextualização seguida de uma recontextualização, na forma de um novo discurso, uma textualização, sustentada, por exemplo, em pré-requisitos. Essas diferenças, sem mencionar os tempos individuais de aprendizagem, exigem uma certa padronização. Ocorre, todavia, que isso pode levar a uma algoritmização em excesso, muito comum no ensino da Física, reduzindo-a a aplicação de fórmulas para resolução de exercícios, a fim de não comprometer o andamento do processo de ensino; temos então, segundo Brousseau (1986), uma *ilusão didática*, pois se procura evitar os desvios de duração da aprendizagem.

Compreender os processos da Transposição Didática é fundamental para o professor. Ao mesmo tempo em que ela se torna inevitável em algum grau, não significa que deva seguir um único caminho. A apresentação dos conteúdos escolares pode assumir outras formas. Para Chevallard, a ideia da Transposição Didática revela a existência dessas transformações, reorganizações e adaptações, permitindo uma vigilância sobre o que se está ensinando na escola em relação àquilo que previa o projeto de ensino.

Todos os três enfoques atribuídos à contextualização adentram no campo epistemológico. Entretanto, o problema da relação entre teoria e realidade é mais evidente. Os futuros professores, frequentemente, aprendem a estrutura formal da Física, mas têm dificuldade em relacioná-la com o mundo real. Parece haver um abismo entre os saberes formais e a realidade. Em certa medida, isso se deve a um ensino excessivamente apoiado na resolução de problemas e exercícios, sem discussões conceituais. Para entender melhor essa relação entre teoria e realidade é preciso compreender que a Ciência constrói modelos e, por conseguinte, modifica o real.

Mário Bunge, físico e filósofo, utiliza-se da ideia de *objeto-modelo* para prosseguir nessa discussão. Para o autor, os objetos-modelo serão descritos por modelos teóricos que aprendem uma parcela do objeto representado, sendo, desse modo, aproximativos. Segundo Bunge, "se se quiser inserir este objeto-modelo em uma teoria, cumpre atribuir-lhe propriedades suscetíveis de serem tratadas por teorias. É preciso, em suma, imaginar um objeto dotado de certas propriedades que, amiúde, não serão sensíveis" (2008, p. 14). Alguns aspectos do objeto serão, portanto, negligenciados, mas a conversão de coisas concretas em imagens e sua transformação em modelos teóricos cada vez mais adequados aos fatos[3] é o caminho efetivo para a apreensão da realidade pelo pensamento[4] (Bunge, 2008). O experimento na Ciência é que irá assumir o papel de atestar se os objetos-modelo e os modelos teóricos que os descrevem correspondem aos objetos reais. A Ciência, portanto, não é o retrato fiel da realidade. Isso não significa, todavia, que a Ciência não seja capaz de oferecer ferramentas para entender o mundo.

Ao transpor tais discussões para o ensino, é relevante destacar que o ensino das Ciências deveria proporcionar aos alunos o acesso a um saber legitimado culturalmente, que consiste em uma forma especializada de representar o mundo por meio de um processo histórico e com a contribuição de vários sujeitos. Assim, um ensino de Ciências totalmente desarticulado do mundo vivencial do aluno acaba gerando a sensação de impossibilidade de interpretar esse mundo. Quando isso ocorre, permanecem as explicações do senso comum e os mitos, mas que acabam "funcionando" para as relações imediatas com a realidade, resultando, muitas vezes, na permanência de concepções alternativas.

Deveria ser um dos objetivos da educação científica mostrar que a Ciência é capaz de apreender a realidade, mas, ao mesmo tempo, reconhecer que um determinado fenômeno, ao se tornar objeto de investigação pela Ciência, é modificado por esta. Pietrocola (2001) sintetiza essa problemática nas seguintes questões: "Como o conhe-

---

[3] Uma discussão acerca da objetividade científica pode ser encontrada em Cupani (1989).

[4] Discussões a respeito da apropriação da matéria pelo pensamento podem ser encontradas em Paty (1995).

CAPÍTULO 2 Problematização e contextualização no ensino de Física

cimento científico pode auxiliar a conhecer o mundo que nos cerca? De que forma o conhecimento físico pode ser utilizado para gerar ações no cotidiano? Como gerar autonomia em um cidadão moderno através da sua alfabetização científica?" (Ibidem, p. 12). Perguntas como essas conduzem à dimensão sócio-histórica da contextualização.

Muito presente no discurso educacional, essa é, possivelmente, a compreensão mais comum dada à contextualização. Entretanto, na maioria das vezes, sua interpretação reduz os aspectos sociais da educação científica ao espaço físico proximal dos alunos, confundindo-se com uma simples relação com o cotidiano. Essa relação é frequentemente usada para justificar o ensino da Física, apoiando-se na relevância da Ciência Física para a sociedade e para os avanços tecnológicos. Todavia, a partir das discussões anteriores, fica claro que a Ciência Física e a Física escolar não são a mesma coisa, embora estejam relacionadas. Então, o que serve para justificar uma das práticas não necessariamente serve para justificar a outra. Mas isso não significa que a educação científica não possa ter um projeto formativo capaz de levar os alunos a se apropriar de algum conhecimento científico, proporcionando-lhes novas compreensões acerca da realidade.

Essa perspectiva da contextualização está muito presente, por exemplo, nos PCNs+. As pesquisas a respeito do movimento Ciência, Tecnologia e Sociedade (CTS) e da Alfabetização Científica e Tecnológica (ACT) têm objetivos formadores e ênfases curriculares que se aproximam da dimensão sócio-histórica da contextualização[5]. Em certo sentido, todas essas inovações metodológicas almejam ampliar os objetivos do ensino das Ciências para além do mero acúmulo de informações ou transposições mecânicas de técnicas de resolução de exercícios. Trata-se de promover uma *educação problematizadora*, em oposição ao que Paulo Freire chamava de *educação bancária*.

As contribuições de Freire para o ensino de Física já foram objeto de algumas pesquisas e projetos[6]. Para o autor, educador e

---

[5] Para mais detalhes, ver Cruz e Zylbersztajn (2001) e Ricardo (2007).
[6] Ver Delizoicov e Angotti (1992) e Delizoicov (2008).

educando deverão estabelecer um diálogo, rompendo com práticas tradicionais de ensino, a fim de que a realidade seja percebida e que se transforme em objeto de reflexão. Por meio da ênfase nos aspectos históricos e da discussão das situações que se colocam como obstáculos para a compreensão da realidade vivida pelos sujeitos, a proposta educacional de Freire procura estabelecer uma relação dialética com o mundo. Ou seja, propõe uma *praxis* educacional que transcende a simples utilização de conhecimentos na prática, pois implica reflexão, ação e transformação, tanto da realidade vivida como do sujeito que a vive. Desse modo, a tríade *codificação – problematização – descodificação* é central na abordagem freiriana. A codificação de uma situação existencial é a sua representação, a mediação entre o contexto real e o contexto teórico. A problematização é o diálogo não apenas com a realidade do sujeito, mas também entre o professor e o aluno, a fim de que este se reconheça na representação. E a descodificação é a análise crítica e a exteriorização da visão de mundo do sujeito.

A relação dialética entre o homem e o mundo se verifica mais uma vez quando Freire defende que a leitura da realidade compartilhada deverá se dar em tempo real, histórica e socialmente situada. É uma leitura/compreensão que não se separa do próprio homem/sujeito. Portanto, ao mesmo tempo em que há uma abstração dessa realidade, ocorre também uma aproximação com o sujeito, pois este "se reconhece na representação da situação existencial 'codificada', ao mesmo tempo em que reconhece nesta, objeto agora de sua reflexão, o seu contorno condicionante em e com que está, com outros sujeitos" (Freire, 1985, p. 114). Vale destacar, no entanto, que essa compreensão da realidade transcende o espaço físico próximo do aluno, embora possa ser o ponto de partida. Essa transcendência visa a libertar o sujeito, segundo Freire, da não consciência de sua situação existencial. Ou seja, espera-se que os saberes ensinados tenham sentido para o aluno, na medida em que possam ser mobilizados em contextos fora dos muros escolares.

CAPÍTULO 2 Problematização e contextualização no ensino de Física

A relação didática e as situações de aprendizagem

Depois de discutidos três enfoques possíveis para a contextualização – a saber, o didático, o epistemológico e o sócio-histórico –, e de haver esclarecido algumas compreensões discutíveis para um ensino de Física contextualizado, uma nova pergunta se apresenta: Como tratar isso didaticamente? A resposta para essa pergunta exige a ideia da problematização.

Uma das formas sugeridas para tratar os saberes a ensinar de modo a amenizar a descontextualização sofrida na Transposição Didática é o uso da História da Ciência. Esta poderia fazer uma recontextualização interna, localizando dentro do corpo das teorias científicas seu contexto histórico de elaboração. Entretanto, conforme foi discutido anteriormente, os significados dos problemas e questões que levaram à construção dos saberes científicos não são os mesmos para alunos e cientistas. Assim, uma localização histórica da formulação de um fenômeno estudado terá sentido dentro do corpo teórico em questão e não necessariamente para o educando[7]. Além disso, a resposta dada ao problema supostamente recontextualizado não será necessariamente contextualizada, pois também ela passará pelos processos de didatização. Embora o uso da História da Ciência seja relevante, parece que seu uso como recontextualização histórica não é suficiente.

O mesmo ocorre com a ideia da problematização como sendo a prática de um diálogo entre professor e alunos no início de cada aula para levantar suas concepções acerca de determinado conceito científico. Não se trata apenas de um levantamento das concepções alternativas dos educandos, mas de estabelecer um diálogo no qual eles tenham efetiva participação. Frequentemente, os diálogos se resumem a perguntas relacionadas ao conteúdo que se pretende ensinar. Em curto espaço de tempo os alunos estarão sem recursos cognitivos para prosseguirem com o diálogo, ou suas respostas se resumirão em

---

[7] Para mais detalhes, ver Robilotta (1988).

afirmações ou negações. Na abertura de capítulos de livros didáticos é comum encontrar ilustrações ou fotos que nada ou muito pouco têm a ver com o conteúdo que se segue.

Os conteúdos escolares e os materiais didáticos são apresentados de modo excessivamente artificial, resultado de escolhas ocorridas no processo de Transposição Didática, que procuram satisfazer mais questões de ordem prática do que didática. Isso leva os alunos a não reconhecerem a Física fora da escola. O esquema 2.1 ilustra essa dificuldade:

Esquema 2.1

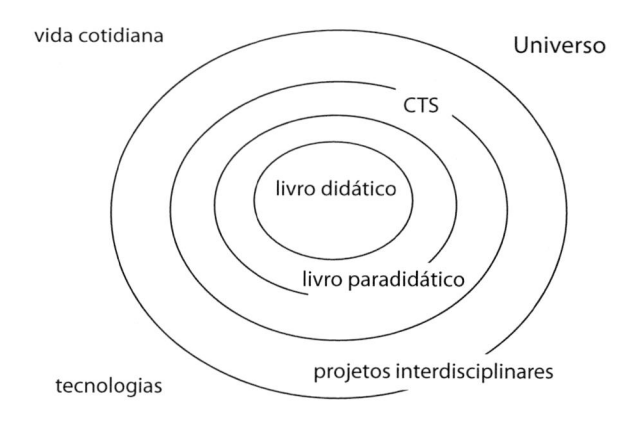

```
        vida cotidiana                    Universo
                         ┌─────────┐
                         │   CTS   │
                    ┌────┴─────────┴────┐
                    │  livro didático   │
                    │                   │
                    │ livro paradidático│
                    └───────────────────┘
        tecnologias      projetos interdisciplinares
```

Os conteúdos de Física presentes nos manuais e livros didáticos se encontram distantes da vida cotidiana, das tecnologias, enfim, do mundo dos alunos. O esquema 2.1 ilustra os graus de abordagem dos objetos de ensino, sem estabelecer hierarquias. É possível que em alguns casos haja aproximações. Mas, em parte por exigências da própria estrutura escolar, que impõe uma certa rotina aos professores e alunos, o livro didático está praticamente isolado do mundo real, da vida cotidiana. O uso de novos materiais, como os paradidáticos, e inovações curriculares com outras ênfases, como a abordagem CTS ou projetos interdisciplinares[8], buscam, em certa medida, essa aproximação, pois trazem novos elementos aos conteúdos disciplinares estritos. A Tecnologia é constantemente reduzida a uma Ciência aplicada, servindo para justificar a importância da Ciência. Todavia, a Física ensinada tem muito pouco a ver com a Tecnologia. Esta, na maioria das vezes, não é reconhecida como uma prática produtora de saberes próprios e, portanto, uma possível referência de saberes a ensinar[9].

O esquema 2.1 esclarece também o risco de reduzir a contextualização a ilustrações e exemplos tirados do cotidiano. A forma como os conteúdos escolares estão estruturados nos manuais e livros didáticos não favorece essa aproximação. Por isso, é comum os professores afirmarem que é difícil fazer esse exercício didático. Um ensino de Física contextualizado, problematizado, deverá ser construído a partir de situações de aprendizagem bem definidas.

Essas situações de aprendizagem se localizam no centro da relação didática que se estabelece entre professor – aluno/alunos – saberes a ensinar, conforme foi anunciado anteriormente. Se um desses atores for negligenciado ou esquecido, a relação didática não se constitui. É a situação de aprendizagem que irá fazer funcionar a relação didática. Perrenoud (2000) destaca que um dos desafios do professor é justamente organizar e dirigir situações de aprendizagem. Para isso, reconhecer as representações dos alunos, os obstáculos à aprendizagem, a elaboração de sequências didáticas e o conhecimento dos conteúdos a ser ensinados são atribuições fundamentais. Para o autor, as situações de aprendizagem deverão ser significativas, problematizadoras e contextualizadas.

Entretanto, cada um dos atores da relação didática comporta outras variáveis, que a tornam dinâmica e complexa, como as rela-

---

[8] Exemplos de projetos interdisciplinares nessa perspectiva podem ser encontrados em Fourez (2001).
[9] Para mais discussões acerca das concepções dos professores a respeito da tecnologia, ver Ricardo *et al.* (2007).

ções pessoais com os saberes, os jogos de tensão entre as várias esferas do sistema de ensino (pais de alunos, professores, alunos, direção, secretarias de ensino, exames vestibulares) e os programas curriculares. Essa relação didática se insere em um espaço físico definido: a escola. Nesse caso, os hábitos e rotinas também passam por uma negociação[10]. Gerenciar o tempo disponível, administrar a indisciplina, por exemplo, fazem parte do cenário escolar.

Torna-se fundamental, desse modo, o professor compreender o percurso dos saberes a ensinar, tal como sugere a noção de Transposição Didática, pois não será possível ensinar tudo, mas apenas aquilo que seja essencial, relevante. No interior de uma situação de aprendizagem, o professor não poderá deixar tudo explícito ao aluno, já que isso levaria a uma lógica de exposição linear de acúmulo de informações e supostos pré-requisitos, cujos propósitos estão longe da compreensão do educando. Uma situação de aprendizagem problematizadora deverá colocar o aluno não apenas diante da falta de um conhecimento, mas face à necessidade de um conhecimento.

A problematização

As discussões anteriores mostram que um ensino de Física contextualizado não se resume a relações ilustrativas com o cotidiano dos alunos, ou com exemplos de aplicações da Física. Um ensino contextualizado é o resultado de escolhas didáticas do professor, envolvendo conteúdos e metodologias, e com um projeto de ensino bem definido. Parece claro, também, que um conjunto de estratégias didáticas precede a contextualização. Esse é o papel da problematização.

A problematização consiste na construção de situações-problema que irão estruturar as situações de aprendizagem, dando-lhes um significado percebido pelos alunos. O filósofo Gaston Bachelard (1996) já alertava que havia a necessidade de construir problemas

---

[10] Brousseau (1986) chama esse conjunto de expectativas e responsabilidades recíprocas entre professor, alunos e saberes a ensinar de Contrato Didático.

que não são postos pelos alunos. Os problemas científicos não são naturais para os educandos. Karl Popper (1974) também destacou que na escola se ensinam respostas a perguntas que não foram feitas. Nesse sentido, Vlassis e Demonty (2002), ao discutirem as características de uma situação-problema, afirmam que "por mais evidente que isso possa parecer, a situação deve verdadeiramente pôr um problema aos alunos" (2002, p. 40). Evidente talvez, mas não trivial. Na sequência, os autores salientam que "uma situação-problema não se define somente pela situação propriamente dita, mas também pela maneira como o professor explora essa situação" (Idem). As situações-problema, portanto, não se constituem por si mesmas; não se trata de ilustrar os assuntos a serem ensinados e diluí-los em generalidades. Trata-se de construir um cenário de aprendizagem, com pontos de partida e de chegada bem definidos. O esquema 2.2 a seguir sintetiza essa ideia:

Esquema 2.2

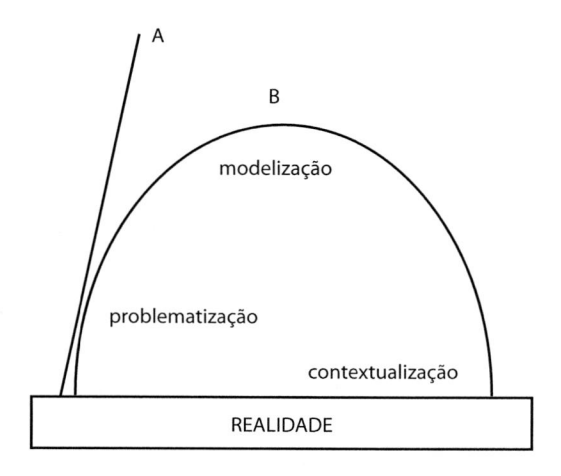

A curva A representa uma interpretação simplificada da contextualização, que é a de partir de exemplos, ilustrações, casos da realidade, mas sem um retorno a esta. O fim é o saber escolar sistematizado em situações didáticas excessivamente artificiais, que têm sentido no interior da própria escola. Pode ocorrer também o contrário: partindo-se dos saberes sistematizados, exige-se dos alunos que façam alguma relação com o seu cotidiano. As discussões precedentes já mostraram que isso é pouco provável de acontecer. A realidade aqui assume o *status* de mera motivação, se é que cumpre tal papel.

A curva B toma a realidade, ou uma parte dela, como ponto de partida e de chegada. Ela exige uma competência crítico-analítica dessa realidade a partir da sua problematização. A contextualização se dará no momento em que se retorna a essa realidade, com um novo olhar, com possibilidades de compreensão e ação. A contextualização sucede a problematização e a teorização ou modelização. É na etapa da modelização que os saberes a ensinar serão trabalhados. Ela responde, em certo sentido, à seguinte pergunta: que saberes são necessários para se compreender a situação-problema que se apresenta nesse momento? É por isso que tal situação tem de ser construída. Ela não é dada nos programas ou livros didáticos. Para Delizoicov (2001), uma situação-problema deveria ter "o potencial de gerar no aluno a necessidade de apropriação de um conhecimento que ele ainda não tem e que ainda não foi apresentado pelo professor" (p. 133).

Assim, uma situação-problema não poderia gerar um diálogo entre professor e alunos cujas respostas da parte destes sejam apenas sim/não, contra/a favor, conheço/não conheço, sei/não sei. A problematização se consolida também nas interações dentro da sala de aula, pois é algo da realidade dos alunos que está sendo analisado, confrontado e questionado. Uma situação-problema pode/deve levar à formulação de outros problemas. Daí o alerta feito por Vlassis e Demonty (2002) acima em relação à forma como as situações são exploradas pelo professor.

No entanto, uma situação-problema que não seja significativa para os alunos, ou cujo significado não esteja claro, corre o risco de se esvair em trabalhos infrutíferos e fazer com que os alunos busquem, ou mesmo exijam do professor, respostas prontas. Vale lembrar que, na estrutura escolar, é comum a prática de dar respostas, mesmo para perguntas que não foram feitas, conforme alertou Popper. Segundo Meirieu (1998), "atualmente, os alunos não têm mais encontrado, em sua história pessoal, cultural e social, quando o professor 'ensina a lição', o problema ao qual esta responde" (p. 171). O autor chama essa prática de pedagogia da resposta em contraponto a uma pedagogia do problema.

As situações-problema terão de ser estruturadas e organizadas de tal modo que se apresentem como um problema de fato, mas que, ao mesmo tempo, os alunos vislumbrem possibilidades de alcançar a solução. Ou seja, as situações devem contemplar começo, meio e fim, pois de outro modo se reduziriam à situação descrita na curva *A* do esquema 2.2. Meirieu (1998) define uma situação-problema como sendo "uma situação didática na qual se propõe ao sujeito uma tarefa que ele não pode realizar sem efetuar uma aprendizagem precisa" (p. 192). A situação-problema é meio para a aprendizagem. Mas, uma situação-problema também poderá levar os alunos a mobilizar seus conhecimentos e suas representações, questionando-as, lançando novas hipóteses e elaborando novas ideias (Astolfi *et al.*, 2002).

Finalmente, cabe lembrar que o professor deverá administrar uma heterogeneidade em classe; seja de distintos tempos de aprendizagem, seja do empenho dos alunos, tanto em grupos como individualmente, seja de acesso à informação, entre outras. Em maior ou menor grau, isso é inevitável. Aliados a isso, um programa extenso e o pequeno número de aulas acabam engessando o professor. Entretanto, isso não impede a prática de um ensino de Física contextualizado; ao contrário. Na medida em que se pretende envolver mais os alunos, as participações individuais e coletivas serão incrementadas. Em relação ao tempo, mais que em outras situações, um ensino contextualizado exigirá a escolha de conceitos e noções centrais, em torno das quais as sequências didáticas serão estruturadas[11]. Um bom

---

[11] Um exemplo de sequência didática nessa perspectiva pode ser encontrado em Sousa *et al.* (2007). Um programa de Física para todo o Ensino Médio pode ser encontrado em Delizoicov e Angotti (1992).

domínio dos conteúdos específicos é condição necessária, assim como a superação da ideia de que os saberes a ensinar só podem ser organizados em sequências lineares apoiadas em supostos pré-requisitos. Isso permitirá determinar o grau de aprofundamento necessário a cada assunto, conceito ou teoria a ser ensinados, bem como as estratégias e os recursos a ser empregados na elaboração e implementação das situações-problema.

Referências bibliográficas

ASTOLFI, J. et al. *As palavras-chave da didática das ciências*. Lisboa: Instituto Piaget, 2002.

BACHELARD, G. *A formação do espírito científico*: contribuições para uma psicanálise do conhecimento. Rio de Janeiro: Contraponto, 1996.

BRASIL. Ministério da Educação, Secretaria da Educação Média e Tecnológica. *Parâmetros Curriculares Nacionais*: Ensino Médio. Brasília: MEC, SEMTEC, 1999.

BRASIL. Ministério da Educação, Secretaria da Educação Média e Tecnológica. *PCN+ Ensino Médio:* orientações educacionais complementares aos Parâmetros Curriculares Nacionais. Ciências da Natureza, Matemática e suas tecnologias. Brasília: MEC, SEMTEC, 2002.

BROUSSEAU, G. Fondement et méthodes de la didactique des Mathématiques. In: *Recherches en Didactique des Mathématiques*, v. 7, n. 2, p. 33-115, 1986.

BUNGE, M. *Teoria e realidade*. Tradução: Gita K. Guinsburg. São Paulo: Perspectiva, 2008.

CHEVALLARD, Y. *La transposición didáctica*: del saber sabio al saber enseñado. Buenos Aires: Aique Grupo Editor, 1991.

CHEVALLARD, Y. Les processus de transposition didactique et leur théorisation. In: ARSAC, G. (Orgs.). *La Transposition Didactique à l'Épreuve*. Paris: La Pensée Sauvage, 1994.

CRUZ, S. M. S. C.; ZYLBERSZTAJN, A. O enfoque ciência, tecnologia e sociedade e a aprendizagem centrada em eventos. In: PIETROCOLA, M.

(Org.). *Ensino de Física*: conteúdo, metodologia e epistemologia numa concepção integradora. Florianópolis: Ed. da UFSC, 2001.

CUPANI, A. A objetividade científica como problema filosófico. *Caderno Catarinense de Ensino de Física*, v. 6, número especial, p. 18-29, 1989.

DELIZOICOV, D.; ANGOTTI, J. A. P. *Física*. São Paulo: Cortez, 1992.

DELIZOICOV, D. Problemas e problematizações. In: PIETROCOLA, M. (Org.). *Ensino de Física*: conteúdo, metodologia e epistemologia numa concepção integradora. Florianópolis: Ed. da UFSC, 2001.

DELIZOICOV, D. La Educación en Ciencias y la Perspectiva de Paulo Freire. *Alexandria Revista de Educação em Ciência e Tecnologia*, v. 1, n. 2, p. 37-62, jul. 2008. Disponível em: http://www.ppgect.ufsc.br/alexandriarevista/numero_2/artigos/demetrio.pdf.

EISBERG, R.; RESNICK, R. *Física Quântica*. 6. ed. Tradução: Paulo Ribeiro, Enio Silveira e Marta Barroso. Rio de Janeiro: Campus, 1988.

FOUREZ, G. Interdisciplinarité et îlôt de rationalité. In: *Revue Canadienne de l'enseignement des sciences, des mathématiques et des technologies*, v. 1, n. 3, p. 341-348, juil. 2001.

FREIRE, P. *Pedagogia do oprimido*. Rio de Janeiro: Paz e Terra, 1985.

HALLIDAY, D. et al. *Fundamentos de Física*. Tradução: André S. Azevedo e José Paulo S. Azevedo. Rio de Janeiro: Livros Técnicos e Científicos Editora, 2003.

JACKSON, JOHN D. *Classical Eletrodynamics*. USA: John Wiley & Sons, 1998.

JONNAERT, P. Dévolution versus Contre-dévolution! Um tandem incontournable pour le contrat didactique. In: RAISKY, C.; CAILLOT, M. (Eds.). *Au-delà des didactiques, le didactique*: débats autour de concepts fédérateurs. Bruxelles: De Boeck & Larcier, 1996.

MEIRIEU, P. *Aprender... sim, mas como?* Tradução: Vanise Dresch. Porto Alegre: Artes Médicas, 1998.

NUSSENZVEIG, M. *Curso de Física Básica*. São Paulo: Editora Edgard Blücher, 2002.

PATY, M. *A Matéria Roubada*: a apropriação crítica do objeto da física contemporânea. Tradução: Mary Barros. São Paulo: Editora da USP, 1995.

PERRENOUD, P. *Dez novas competências para ensinar*. Tradução: Patrícia Chittoni Ramos. Porto Alegre: Artes Médicas Sul, 2000.

PIETROCOLA, M. Construção e realidade: o papel do conhecimento físico no entendimento do mundo. In: PIETROCOLA, M. (Org.). *Ensino de Física*: conteúdo, metodologia e epistemologia numa concepção integradora. Florianópolis: Ed. da UFSC, 2001.

PINHO-ALVES, J. *et al*. A Eletrostática como exemplo de Transposição Didática. In: PIETROCOLA, M. (Org.). *Ensino de Física*: conteúdo, metodologia e epistemologia numa concepção integradora. Florianópolis: Ed. da UFSC, 2001.

POPPER, KARL. *A Lógica da Pesquisa Científica*. Tradução: Leônidas Hegenberg e Octanny S. da Mota. São Paulo: Editora Cultrix, 1974.

RICARDO, E. C. *Competências, Interdisciplinaridade e Contextualização*: dos Parâmetros Curriculares Nacionais a uma compreensão para o ensino das ciências. Santa Catarina, 2005. Tese. Centro de Ciências Físicas e Matemáticas, Universidade Federal de Santa Catarina. http://www.ppgect.ufsc.br/teses/01/Tese.pdf

RICARDO, E. C. Educação CTSA: obstáculos e possibilidades para sua implementação no contexto escolar. In: *Ciência & Ensino*, v.1, p. 1-12, 2007. Disponível em: http://www.ige.unicamp.br/ojs/index.php/cienciaeensino/article/view/160.

RICARDO, E. C. *et al*. A Tecnologia como Referência dos Saberes Escolares: perspectivas teóricas e concepções dos professores. *Revista Brasileira de Ensino de Física*, v. 29, p. 137-149, 2007. Disponível em: http://www.sbfisica.org.br/rbef/pdf/060701.pdf.

ROBILOTTA, M. O Cinza, o Branco e o Preto – da relevância da história da ciência no ensino da física. *Caderno Catarinense de Ensino de Física*, v. 5, número especial, p.7-22, jun. 1988.

SOUSA, D. R. *et al*. A Teoria e a Prática na Formação Inicial: reflexões a partir da execução de um projeto de ensino na disciplina de física. XVII Simpósio Nacional de Ensino de Física, 2007, São Luiz,. *Atas*, 2007. Disponível em: http://www.sbf1.sbfisica.org.br/eventos/snef/xvii/sys/resumos/T0224-1.pdf.

VERRET, M. *Le temps des études*. Paris: Honoré Champion, 1975.

VLASSIS, J.; DEMONTY, I. *A Álgebra Ensinada por Situações-Problemas*. Lisboa: Instituto Piaget, 2002.

CAPÍTULO 2   Problematização e contextualização no ensino de Física

Atividades para os professores em formação

1. Elaboração de uma sequência didática a partir de um conceito/tema central

Escolha um conceito ou assunto propostos nos programas de Física do Ensino Médio e, a partir dele, organize uma sequência didática, prevendo os demais conceitos e teorias envolvidos, as metodologias ou tarefas utilizadas para explorá-los e os recursos necessários (em caso de utilizar experimentos, demonstrações, filmes, visitas etc.). A ideia é fazer o exercício de identificar os conceitos/teorias-chaves, sem recorrer às sequências tradicionais dos livros didáticos. Isso é fundamental para construir situações-problema com objetivos de aprendizagem bem definidos. O número de aulas pode variar. O esquema 2.3 a seguir sugere uma sequência didática de oito aulas, mas pode-se pensar em estruturas maiores.

Esquema 2.3   *Estrutura básica de uma sequência didática*

[Diagrama com oito caixas em branco conectadas a uma caixa central com o texto "ideia e/ou contexto central"]

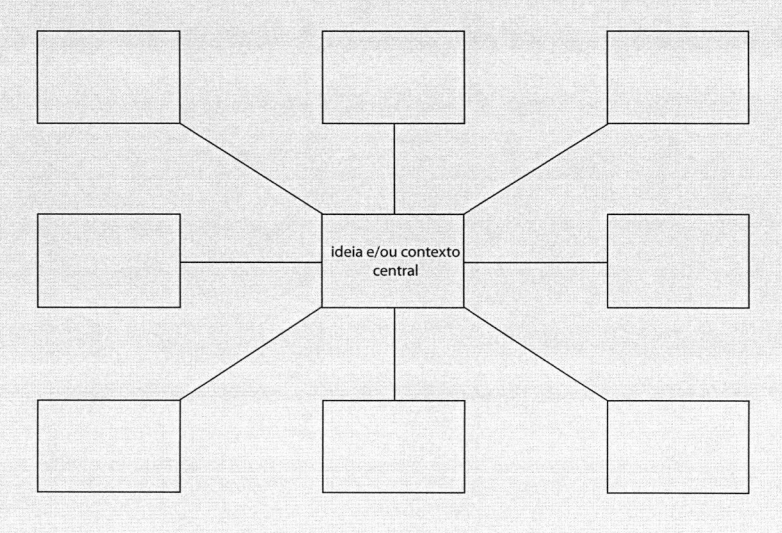

2. Elaboração de uma sequência didática com a definição das situações-problema

Considerando as discussões a respeito do esquema 2.2, elabore uma sequência didática definindo os significados (sentidos) e as situações-problema de cada aula ou conjunto de aulas. Essas definições precedem a escolha dos conteúdos específicos. Nesse caso, como se trata de um exercício, assuma a "realidade" como sendo um vídeo, parte de um filme, uma entrevista, uma reportagem de jornal/revista etc. O material escolhido será a "realidade" a ser problematizada. E o retorno à realidade será ver novamente o filme, a entrevista, a reportagem etc. Esse retorno deverá proporcionar uma nova compreensão. Para o caso de um vídeo, por exemplo, o cerne da questão é: Após os alunos assistirem ao vídeo, o que se poderia ensinar de Física para que eles o compreendessem melhor? Quais os conceitos físicos fundamentais para essa compreensão? A partir daí organize uma sequência didática nos moldes do esquema 2.4 a seguir. Lembre-se de que problematizar não consiste apenas em questionar. As situações-problema terão de gerar a necessidade de uma aprendizagem. Sugerem-se vídeos/filmes/entrevistas de curta duração, ou textos sintéticos, que não excedam vinte minutos aproximadamente.

Esquema 2.4 *sequência didática – problematização*

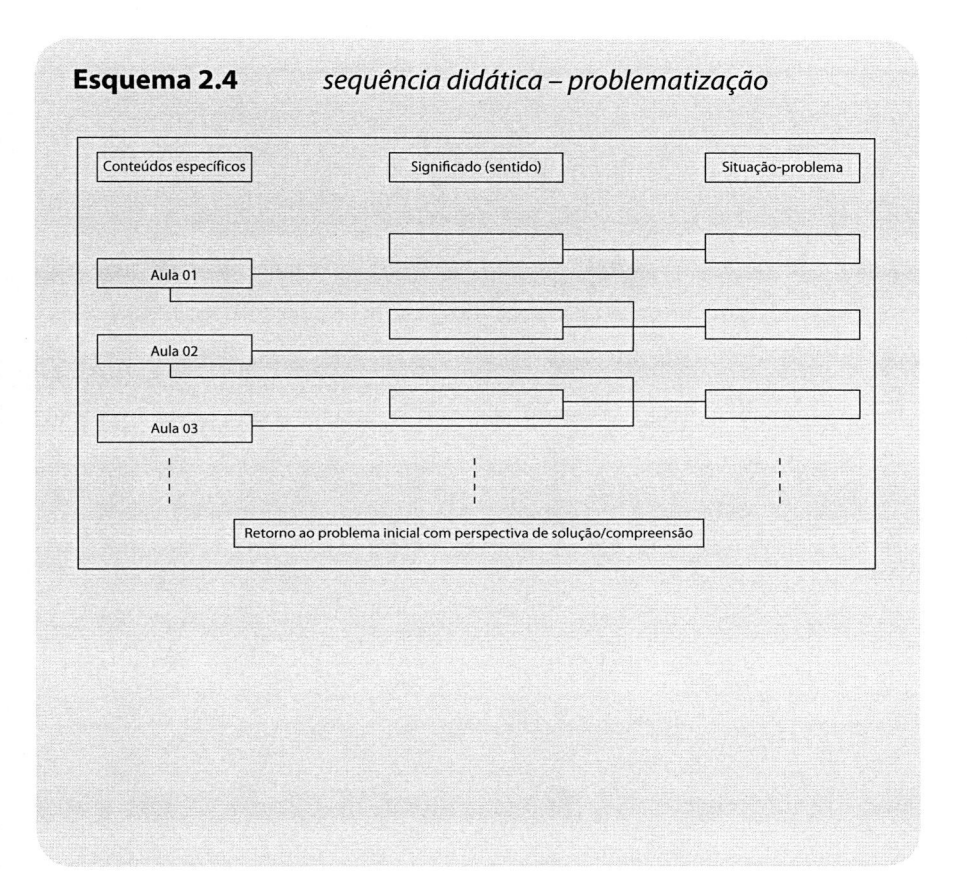

Conteúdos específicos — Significado (sentido) — Situação-problema

Aula 01

Aula 02

Aula 03

Retorno ao problema inicial com perspectiva de solução/compreensão

CAPÍTULO 3
As práticas experimentais no ensino de Física

Anna Maria Pessoa de Carvalho

Desde o século XIX as aulas práticas experimentais fazem parte do planejamento do ensino de Física da escola média (Lanetta *et al.* 2007) tendo por objetivo proporcionar aos alunos um contato mais direto com os fenômenos físicos. Os termos "aulas práticas" ou "aulas de laboratórios" ou "laboratório escolar" têm sido utilizados para designar as atividades nas quais os estudantes interagem com materiais para observar e entender os fenômenos naturais. As interações dos estudantes com o material experimental podem ser somente visuais, quando a experiência é feita pelo professor, em aulas que denominamos de demonstração; ou de forma manipulativa, quando, em pequenos grupos, os alunos trabalham no laboratório. Os planejamentos e a condução das aulas de laboratório variam em um grande espectro: desde altamente estruturados e centrados nos guias, com o objetivo principal de comprovar o que o aluno já aprendeu nas aulas teóricas, até um laboratório por investigação, quando o objetivo é introduzir os alunos na resolução de um problema experimental.

Apesar de as atividades experimentais estarem há quase 200 anos nos currículos escolares e apresentarem uma ampla variação nos possíveis planejamentos, nem por isso os professores têm familiaridade com essa atividade. A grande maioria destes laboratórios se traduz em aulas extremamente estruturadas com guias do tipo "receitas de cozinha". Nessas aulas, os alunos seguem planos de trabalho previamente elaborados, entrando nos laboratórios somente para seguir os passos do guia, onde o trabalho do grupo de alunos se caracteriza pela divisão das tarefas e muito pouco pela troca de ideias significativas sobre o fenômeno estudado.

Nas décadas de 1960 e 1970, no século XX, a concepção das atividades experimentais no ensino de Física teve, pelo menos parcialmente, uma mudança com o aparecimento dos projetos de ensino de Física – o Physical Science Study Committee (PSSC), que foi traduzido e implementado no Brasil e o Projeto de Ensino de Física (PEF) (Carvalho, 1973). Nesses projetos, as aulas experimentais foram planejadas como um lugar de investigação, visando o desenvolvimento de problemas experimentais.

Muitas pesquisas sobre o ensino e a aprendizagem nos laboratórios didáticos foram desenvolvidas nesta época, e dentre elas podemos destacar a de Pella (1969). Este pesquisador, analisando como o ensino de Ciências (Física, Química e Biologia) estava sendo apresentado aos alunos pelos professores e pelos materiais didáticos, fez uma grande pesquisa nos manuais de laboratório e nas próprias aulas de Ciências do Ensino Médio, procurando determinar o possível grau de liberdade intelectual que os professores proporcionavam a seus alunos. Para a análise de seus dados, Pella construiu uma tabela (veja a seguir) na qual classificava em cinco graus a liberdade intelectual que o professor e/ou o material didático ofereciam aos alunos.

O grau I de liberdade, quando o aluno só tem a liberdade intelectual de obter dados, caracteriza bem a aula tipo "receita de cozinha". O problema, as hipóteses, o plano de trabalho e as próprias conclusões sobre os dados a ser obtidos já estão propostos. Essas aulas, muito mais comuns do que desejaríamos, são encontradas até hoje em nossas escolas e manuais de laboratórios.

Infelizmente, o que muitas vezes encontramos nos manuais fica aquém da proposta de Pella – seria um grau zero (?) –, pois sequer o problema e as hipóteses são apresentados nos textos. Estes descre-

Tabela 3.1 *Graus de liberdade do professor /aluno em aulas de laboratório*

	GRAU I	GRAU II	GRAU III	GRAU IV	GRAU V
Problema	P	P	P	P	A
Hipóteses	P	P	P	A	A
Plano de trabalho	P	P	A	A	A
Obtenção de dados	A	A	A	A	A
Conclusões	P	A	A	A	A

vem a proposta teórica do experimento e passam diretamente (sem a discussão das hipóteses) para o plano de trabalho que os alunos devem executar. Nesses casos, as conclusões já estão dadas – tem de se provar que a teoria está certa. Parece-nos lógico, para essa prática, que os alunos "cozinhem" os dados. O que realmente os alunos aprendem em anos desse tipo de aulas de laboratório é como dividir tarefa entre os participantes do grupo de trabalho e como "cozinhar" dados para alcançar os resultados esperados e tirar boas notas.

O grau II de liberdade é caracterizado por dar aos alunos a liberdade para tirarem conclusões a partir de seus próprios dados. Isso, que nos parece lógico, não é fácil de encontrar, pois necessita de uma mudança estrutural na colocação do problema. Não pode haver mais problemas do tipo "'Prove que...", para o qual a conclusão é fechada. Por exemplo, em vez da proposição "Prove que a aceleração da gravidade é 9,8 m/s²", o problema a ser proposto seria "Qual aceleração você pode obter? E por quê?". Essa pequena mudança já modificará bastante as aulas, principalmente em termos de objetivos atitudinais a ser alcançados.

No grau III de liberdade, não é mais o professor ou o manual que irá propor aos alunos o que deverá ser feito, mas o aluno – ou cada grupo de alunos – é convidado a elaborar o plano de trabalho para a obtenção dos seus dados que levarão às conclusões de seu grupo. A passagem do grau II para o grau III de liberdade intelectual foi muito explorada nos grandes projetos de ensino de Física elaborados na segunda metade do século XX, como o *Physicae Science Study Committee* (PSSC). Nesse projeto, para cada capítulo, encontramos problemas experimentais propostos no grau de liberdade II seguidos por outros, bem semelhantes, mas que poderíamos classificar como sendo de grau III de liberdade.

O grau IV caracteriza-se pelas atividades em que os alunos só recebem do professor o problema e ficam responsáveis por todo o trabalho intelectual e operacional; e o grau V, quando até o problema deve ser proposto pelos alunos.

Essas duas situações caracterizam os alunos como jovens cientistas; proposta coerente com as feiras de Ciências tão em moda nas décadas de 1970 e 1980. Entretanto, encontrar no ensino de Física do curso médio esse grau de liberdade, ou seja, ter alunos que consigam alcançar essa liberdade intelectual até hoje é o sonho de muitos professores ou mesmo de sociedades científicas, pois em todos os países encontramos programas governamentais como o "Jovens Cientistas", que valorizam e premiam o aluno pesquisador.

A grande crítica ao ensino de Ciências, feita a partir do final do século XX, e aqui incluímos o ensino de Física, foi justamente esta: o ensino era proposto para aqueles com facilidade para as Ciências, visando formar cientistas. Enquanto achávamos um único "jovem cientista", deixávamos milhares de estudantes de lado, sem que entendessem nada de Ciências, e, principalmente, detestando Física. Este fato não era só um problema brasileiro, mas mundial, com impacto social muito grande em um mundo cada vez mais influenciado pelas Ciências e suas Tecnologias. Ensinar Ciências para todos passou a ser um objetivo da sociedade contemporânea.

As práticas experimentais em um ensino que vise a enculturação científica dos alunos

São várias as mudanças de diretrizes na concepção do que seja ensinar Física que se consolidaram neste início de século XXI e que influenciaram diretamente as atividades de laboratório. A principal, e da qual derivam todas as outras, é que o ensino de Física deve ser para todos, e não mais só para aqueles que tenham aptidão para essa disciplina.

Tradicionalmente, o ensino de Física é voltado para o acúmulo de informações e o desenvolvimento de habilidades estritamente operacionais, em que, muitas vezes, o formalismo matemático e outros modos simbólicos (como gráficos, diagramas e tabelas) carecem de contextualização. Na sala de aula, essa prática de ensino, que se fundamenta em um ensino por transmissão, dificulta a compreensão por parte dos alunos sobre o papel que diferentes linguagens representam na construção dos conceitos científicos (Capecchi e Carvalho, 2006). Essa enorme dificuldade de entendimento das diversas linguagens utilizadas no desenvolvimento dos conteúdos científicos leva uma grande parte dos alunos a se identificar com o desabafo de uma aluna em uma entrevista feita por nosso grupo: "... não entendia nada do que o professor de Física falava lá na frente... era como se ele falasse outra língua... por mais que eu me esforçasse....não conseguia entender onde ele queria chegar com tudo aquilo..." (Capecchi, 2004).

Um ensino que tenha por objetivo levar os alunos a se alfabetizarem cientificamente (ver capítulo 1), preparando os nossos jovens para uma participação ativa na sociedade, deve procurar desenvolver novas visões de mundo por parte dos estudantes, considerando o entrelaçamento entre estas e conhecimentos anteriores. No caso da aprendizagem de Física, isto significa, sobretudo, a aquisição pelos alunos de novas práticas e linguagem, sem deixar de relacioná-las com as linguagens e práticas do cotidiano. A aprendizagem como enculturação ou alfabetização científica traz um novo olhar sobre os conteúdos e atividades trabalhados nas aulas de Física, abrangendo aspectos diversos da construção dos conhecimentos científicos, desde seu caráter de produção humana até a importância dos símbolos na construção dos conceitos científicos (Capecchi e Carvalho, 2006).

Importantes perspectivas sobre a natureza das Ciências começaram ser utilizadas para a educação em Ciências, mais fortemente para as atividades de laboratório, influenciando o modo como a Física poderia ser ensinada para promover uma aprendizagem com entendimento desta ciência.

Temos necessidade de estabelecer o que se deve entender por uma visão aceitável do trabalho científico, estando sempre conscientes da dificuldade de falar em uma "imagem correta" da construção do conhecimento científico, principalmente se levarmos em conta que estamos lidando com o ensino de Física para o Ensino Médio. Entretanto, podemos procurar os pontos comuns das produções da Filosofia das Ciências da segunda metade do século XX, deixando de lado as interpretações diversas e os pontos de divergências (Gil *et al.*, 2001). Nosso objetivo é extrair algumas proposições básicas em torno da atividade científica que possam ser absorvidas em atividades de ensino, incentivando o processo de enculturação científica e que, ao mesmo tempo, sejam tangíveis em aulas de laboratório.

Assim, as atividades experimentais para o ensino de Física, que tenham por base uma proposta pedagógica de enculturação científica, precisarão atender aos seguintes pontos:

1. Superação das concepções empírico-indutivistas da Ciência

Desejamos que essas atividades deem oportunidade para que os alunos, mesmo não conscientemente, superem as concepções empírico-indutivistas da Ciência. Podemos observar esse ponto tão importante observando se os alunos, ao procurarem resolver as questões (experimentais) propostas pelos professores, levantam hipóteses a partir de seus conhecimentos prévios, submetendo essas hipóteses a provas. Apesar de muitas investigações em ensino de Ciências indicarem que o ensino costuma transmitir visões empírico-indutivistas da Ciência, muito distantes do processo de construção dos conhecimentos científicos (Mathews, 1991; Koulaids, V. e Ogborn, J., 1995), outras apontam que, como mostram Peluzzi e Peluzzi (2004), são "estruturadas em bases educacionais e epistemológicas claras e bem conduzidas: aguçam a curiosidade; minimizam a abstração; suscitam discussões e elaborações de hipóteses, demandam reflexão, espírito crítico e explicações...". Podemos citar alguns artigos de pesquisadores brasileiros que, utilizando atividades experimentais, levaram os alunos a superarem as concepções empírico-indutivistas: Moreira e Ostermann (1993); Borges (2004); Capecchi e Carvalho (2006).

2. Promover a argumentação dos alunos

Outro ponto importante para a superação das concepções empírico-indutivistas da Ciência é observar como as argumentações são desenvolvidas nessas aulas. A linguagem das Ciências é argumentativa, sendo necessário apresentar uma argumentação com justificativa para transformar fatos em evidências. (Latour e Woolgar, 1997; Toulmim,1958; Lemke, 1998, 2000, 2003; Driver *et al.*, 2000; Jiménez-Aleixandre, 2005). Uma consequência importante para o ensino, principalmente para as aulas de laboratório, é o entendimento de que as observações e o experimento não são a rocha sobre a qual a Ciência está construída; essa rocha é a atividade racional de geração de argumentos com base em dados obtidos. E é essa a meta de nosso ensino: criar um ambiente de aprendizagem de modo que nossos alunos adquiram a habilidade de argumentar a partir dos dados obtidos, procurando a construção de justificativas (exemplos de artigos que analisam as argumentações dos alunos em aulas experimentais: Azevedo, 2004; Capecchi, 2004; Couto e Aguiar, 2009).

3. Incorporar as ferramentas matemáticas

Devemos observar se as aulas estão oferecendo a oportunidade de incorporar o papel essencial das matemáticas no desenvolvimento científico. Podemos constatar se o ensino está promovendo a enculturação dessa vertente do conhecimento científico se o professor leva seus alunos a trabalharem com dados, utilizando primeiramente uma "análise qualitativa" em relação às principais variáveis do fenômeno, e se expressam essa relação utilizando o raciocínio proporcional que é a base da linguagem matemática nas Ciências (Lawson,

1994, 2000a, 2000b). Ver exemplos de aulas de Física no Ensino Fundamental em que são analisados esses pontos: Locatelli, 2006; Locatelli e Carvalho, 2005.

Além disso, no Ensino Médio, se, ao utilizarem as ferramentas matemáticas (gráficos, equações, fórmulas), os professores propõem questões sobre a utilização dessas ferramentas, relacionando-as com as explicações científicas e fazendo a tradução da linguagem conceitual da física para a linguagem matemática e vice-versa[1].

4. Transpor o novo conhecimento para a vida social

Precisamos observar se as atividades experimentais estão proporcionando a transposição do conhecimento aprendido para a vida social, procurando buscar as complexas relações entre ciências, tecnologia e sociedade, procurando generalizar e/ou aplicar o conhecimento adquirido, relacionando-o com a sociedade em que vivem.

Pesquisas feitas em aulas de laboratório de ensino de Ciências (Lunetta *et al.* 2007) mostraram que os estudantes são incapazes de adquirir um bom entendimento sobre a natureza das Ciências simplesmente tomando parte de um laboratório investigativo. Para que esse objetivo de tornar explícita a natureza das Ciências seja alcançado, é preciso que os estudantes examinem, argumentem sobre e discutam a natureza de boas evidências e decidam sobre alternativas (Driver *et al.*, 2000; Duschl, 2000; Jiménez-Aleixandre, 2005).

O papel do professor em aulas de laboratório que vise a enculturação científica de seus alunos

As aulas de laboratório que visam alcançar os objetivos de uma enculturação científica, em que os alunos têm um engajamento efetivo, pensando e tomando suas próprias decisões, e construindo suas argumentações sobre os fenômenos estudados, somente acontecem

---

[1] Artigos nos quais as aulas de laboratório de Física são analisadas sob esse ponto de vista: Capecchi e Carvalho, 2006; Carmo e Carvalho, 2008, 2009.

CAPÍTULO 3 As práticas experimentais no ensino de Física

quando os professores reformulam o seu papel: de transmissor do conhecimento já estabelecido para um orientador de seus alunos, ajudando-os na construção de seus novos conhecimentos.

Para introduzir em suas aulas atividades inovadoras nas quais se espera que os alunos tenham participação intelectualmente ativa, é necessário que os professores adotem práticas nada habituais para os professores formados "no" e "para" o ensino tradicional.

As estratégias de ensino empregadas pelos professores para guiar seus próprios comportamentos nas interações com os alunos precisam ser bem planejadas, pois existe uma forte relação entre o comportamento do professor e o de seus alunos. Em outras palavras, podemos dizer que existe uma relação de causa e efeito entre a *sequência de ensino* planejada pelo professor e o *ciclo de aprendizagem* de seus alunos.

Nossa proposta de sequência de ensino para as atividades experimentais, seja em uma aula de demonstração, seja em um laboratório investigativo, compreende cinco etapas:

1. A proposta do problema experimental pelo professor

O problema precisa ser compreendido pelos alunos. O professor não deve ter medo de repeti-lo com outras palavras. Redefini-lo. Se for uma demonstração para a classe, podem ser feitas perguntas do tipo: "Qual questão estamos investigando?", procurando observar as expressões dos alunos. Se for um laboratório, onde os alunos estão divididos em pequenos grupos, o professor deve interagir com os grupos, para se certificar de que todos entenderam o problema experimental, mas sempre tomando o cuidado de não dar as respostas nem indicações de como resolver o problema.

2. A resolução do problema pelos alunos

Nessa etapa, o professor exerce um papel diferente tanto na aula de laboratório, onde os alunos trabalham em pequenos grupos, quanto na aula de demonstração.

Quando os alunos estão trabalhando em grupos, em um laboratório investigativo, procurando caminhos para investigar sua questão de pesquisa, o principal papel do professor é observar o trabalho dos grupos, procurando não interferir, lembrando que o erro é importante na construção do conhecimento – aprendemos mais quando erramos e conseguimos superar esse erro do que quando acertamos sem dificuldades. É nessa etapa, na interação aluno-aluno, que as hipóteses serão propostas – e as manipulações serão planejadas para testá-las. Existirá uma negociação de significados entre os alunos muito importante para a construção do conhecimento.

Quando a aula é demonstrativa, a estratégia utilizada pelo professor poderá levar os alunos a *predizer – observar – explicar*. O professor precisa engajar os alunos no problema que evidencia o fenômeno que será apresentado. E este engajamento deverá ser feito por meio de questões à classe e por trabalhos com suas respostas. Agora, na interação professor-turma, as hipóteses precisam aparecer antes da explicação do fenômeno e, se possível, essa explicação deverá ser construída com os alunos e não para os alunos.

3. A etapa de os alunos apresentarem o que fizeram

Essa é uma etapa muito importante na construção do conhecimento científico, pois, ao demonstrarem o que fizeram para seus colegas e para o professor, como resolveram o problema, os alunos desenvolvem um raciocínio metacognitivo que os leva a tomarem consciência de suas ações e o porquê destas. É nessa etapa que se solidificam as discussões realizadas nos grupos, levando-os a tomarem consciência das relações entre as variáveis do fenômeno físico estudado, o que se traduz, nas falas dos alunos, em apresentação de análises qualitativas dessas relações. Essas análises qualitativas são os primeiros passos para a introdução da linguagem matemática no ensino de Física – tabelas, gráficos e equações.

Existe uma série de questões na literatura (Rivard, 1994) que, feitas pelos professores, auxiliam comportamentos metacognitivos consistentes. Exemplos destas questões são: O que vocês estavam pretendendo? O que fizeram? Quais foram as evidências? Como suas ideias se modificaram? O que aconteceu quando vocês...? O que estes procedimentos têm em comum?

4. Etapa da procura de uma explicação causal e/ou de sistematização

Em muitos casos, as experiências terminam na etapa anterior, mas nossa proposta de ensino é ir além. Os alunos precisam entender que a Ciência, e a Física em particular, não é apenas descritiva, mas principalmente propositiva. Ela propõe conceitos novos para o seu entendimento e esses conceitos são construídos justamente para dar sentido à realidade. As principais experiências levaram os cientistas, e devem levar os alunos, a construírem esses conceitos. Os novos conceitos exprimem novas relações. É na passagem da etapa de explicar o *como* fizeram para o *porquê* deu certo, na passagem das relações qualitativas entre as variáveis para a sistematização em uma fórmula, que o conceito se estabelece. Essa passagem não é fácil, e muitas vezes poderíamos chamar esta etapa de aula teórica.

5. A escrita individual do relatório

Ensinar a escrever Ciências é também uma das etapas da enculturação científica que deve ser trabalhada na escola. A escrita é uma atividade complementar à argumentação que ocorre nas etapas anteriores – primeiramente em grupos pequenos e, depois, na relação professor/turma –; ambas são fundamentais em um ensino de Ciências que procura criar nos alunos as principais habilidades do mundo das Ciências. Baseamo-nos no trabalho de Rivard e Straw (2000) para incentivar que cada aluno escreva seu próprio relatório, uma vez que os autores mostram que "o discurso oral é divergente, altamente flexível, e requer pequeno esforço de participantes enquanto eles exploram ideias coletivamente, mas o discurso escrito é convergente, mais focalizado, e demanda maior esforço cognitivo do escritor".

Nossas pesquisas já demonstraram que discussões entre alunos e professor são importantes para gerar, clarificar, compartilhar e distribuir ideias entre o grupo, enquanto o uso da escrita como instrumento de aprendizagem realça a construção pessoal do conhecimento (Oliveira e Carvalho, 2005). Escrever analiticamente requer uma posição lógico-reflexiva que estimula os estudantes a refinar seu pensamento, aumentando assim seu entendimento do tema estudado (Oliveira, 2009).

Alguns exemplos para discussão

1. Demonstração investigativa

Uma aula de demonstração pode simplesmente mostrar um fenômeno natural (físico, químico ou biológico), o que realmente é melhor do que falar sobre o que acontece na natureza. Nesses casos, as demonstrações têm o único objetivo de ilustrar o que foi falado, de comprovar um conteúdo já ensinado, ou seja, demonstrar, aos alunos, que o professor estava certo. Esse é um objetivo bem pequeno para um curso de Física e leva os alunos, mesmo os bons, a não sentirem necessidade deste tipo de aula.

A demonstração deve apresentar não só o fenômeno em si, mas criar oportunidade para a construção científica de um dado conceito ligado a esse fenômeno e esse é o primeiro grande cuidado que temos de tomar quando preparamos uma *demonstração investigativa*: estar consciente da epistemologia das Ciências e saber diferenciar entre um fenômeno e o(s) conceito(s) que o envolve(m).

O fenômeno pode ser mostrado, pois é um acontecimento da natureza; entretanto, o conceito não está diretamente visível, é uma abstração, quase sempre uma explicação para o fenômeno, e precisa ser construída logicamente. Essa construção pode ser feita primeiramente em uma interação fenômeno-discurso de professor e alunos e, depois, esse discurso já sistematizado precisa ser traduzido em linguagem matemática (quase sempre em outra aula, quando o material experimental já não é mais necessário).

Um cuidado no planejamento das demonstrações investigativas é buscar uma questão problematizadora que, ao mesmo tempo, desperte a curiosidade e oriente a visão dos alunos sobre as variáveis relevantes do fenômeno a ser estudado, fazendo com que eles levantem suas próprias hipóteses e proponham possíveis soluções. É preciso lembrar sempre do fato que Osborne *et al.* (2001) chamam bastante atenção: a Ciência escolar geralmente apresenta mais argumentos de autoridade do que aqueles embasados em justificativas, ignorando aspectos da argumentação científica.

Nas aulas de demonstrações, esse fato é bastante comum, pois, muitas vezes, o fenômeno mostrado é apresentado de forma autoritária, quando a argumentação científica relativa a construções conceituais é esquecida pelo professor. Assim, se quisermos que os alunos construam os conhecimentos científicos, devemos criar situações por meio de questionamentos intermediários que os levem pouco a pouco a se expressarem em uma linguagem científica, pois, como mostram Kress *et al.* (2001), o aprendizado da linguagem científica contribui para a formação do conceito do que é Ciência por parte dos alunos. E a construção desse aprendizado passa por situações nas quais os alunos tenham de pensar e justificar suas ideias, esclarecendo intencionalmente o raciocínio feito.

Algumas vezes, quando o professor consegue propor uma "boa" questão, as previsões ou antecipações elaboradas pelos estudantes, a partir de seus esquemas conceituais espontâneos ou baseados em outros referenciais, são contrariadas pelos resultados experimentais. Esses fatos podem criar o que foi denominado na pesquisa em ensino de Ciências de conflitos cognitivos, isto é, quando as ideias espontâneas dos alunos ou as explicações deles sobre determinados fenômenos são colocadas em conflito com os observáveis. É da superação destes conflitos cognitivos que nascem as aprendizagens efetivas, e as demonstrações investigativas são as melhores atividades de ensino para que eles apareçam, em forma de hipótese dos alunos, sendo discutidos e superados pela visão da realidade do fenômeno.

Exemplo 1 – Reflexão total

Vamos apresentar uma aula de demonstração investigativa em Óptica Geométrica em que o professor tem por objetivo construir o conceito de ângulo limite. Ao ensinar refração, o professor pode falar que, ao passar de um meio mais refringente para um menos refringente, a luz sofre, a partir de determinado ângulo, uma reflexão total. Mas ele pode facilmente, com uma lanterninha e um bloco de vidro em forma de um semicírculo, mostrar a luz passando do vidro para o ar e demonstrar o fenômeno da reflexão total. Quem já viu a luz refratada no ar mudar bruscamente de direção, passando a se refletir para dentro do vidro, realmente não se esquece desse fenômeno nem dessa aula. Mas daí, entre ver o fenômeno (o professor precisa repetir o experimento várias vezes para que os alunos consigam perceber o que acontece) e entender o conceito de ângulo limite vai uma boa distância.

Um problema simples seria pedir aos alunos que pensassem o que aconteceria quando a luz passasse do ar para o vidro e, depois, do vidro para o ar. A refração seria a hipótese mais plausível, por ser um conceito cotidiano ou mesmo já estudado anteriormente. Quando os alunos vissem a reflexão total – no momento da passagem da luz do vidro para o ar –, o professor perguntaria sobre as possíveis explicações, levando-os a argumentarem e a procurarem "olhar" novamente o fenômeno para observar o fenômeno que não haviam notado. Eles quase nunca "veem" os raios refletidos de pouca intensidade. A discussão precisa ser aberta, e as respostas do professor não podem ser avaliativas, e sim elicitativas, levando os alunos a pensarem sobre todos os pontos de vistas. O ângulo limite aparecerá, sem dúvida alguma, como um marco lógico de separação entre o ângulo de incidência, em que pode ainda haver a refração, daquele em que esse fenômeno não pode mais ocorrer.

CAPÍTULO 3 As práticas experimentais no ensino de Física

A partir desse ponto, não só a conceituação de ângulo limite foi feita com ou pelos estudantes, como as sentenças de que eles se utilizaram para descrever o angulo limite podem agora ser retomadas pelo professor para, primeiro, fazer a sistematização conceitual, isto é, a passagem da linguagem cotidiana usada pelos alunos à linguagem científica da definição correta de ângulo limite e, segundo, fazer a tradução da linguagem oral para a linguagem matemática expressa pela fórmula do ângulo limite.

Essa passagem é necessária, mas extremamente difícil de os alunos realizarem sozinhos. Ensinar Física é ensinar os estudantes a se expressarem na linguagem matemática e entenderem essa linguagem, e o melhor caminho é fazê-los compreender o significado físico e matemático de cada sentença falada. O ir e vir do fenômeno à matemática, e desta ao fenômeno, é um dos principais e mais complexos objetivos do ensino de Física.

Exemplo 2 – Dilatação volumétrica dos gases

Vamos relatar uma demonstração investigativa gravada em vídeo durante um curso de Termologia e Termodinâmica (Carvalho *et al.*, 1999) para o nível médio, na qual um conflito cognitivo foi criado, ou seja, as ideias espontâneas ou explicações sobre o fenômeno apresentadas pelos alunos entraram em conflito com os observáveis. Em outras palavras, as previsões ou antecipações elaboradas pelos estudantes dentro de um esquema conceitual espontâneo ou baseadas em outros referenciais foram contrariadas pelos resultados experimentais.

A professora já tinha ensinado unidades que propunham: a diferenciação entre os conceitos de temperatura e calor, a de propagação de calor e uma sequência de aulas em que, utilizando a história da Ciência, foi introduzida a Teoria Cinético Molecular como um dos possíveis modelos explicativos dos fenômenos estudados. Iniciavam-se os fenômenos de dilatação, e a professora propôs uma demonstração bastante simples de dilatação volumétrica, com uma bexiga acoplada a um erlenmeyer, sendo o conjunto aquecido por uma lamparina.

Foi feita a seguinte questão para a classe: "O que acontecerá com a bexiga ao aquecermos o sistema aqui apresentado?"[2].

A classe sugeriu que a bexiga iria se encher, entretanto, se houve consenso na previsão do fenômeno (bexiga encher), não houve em relação à explicação.

Aluno 5: "O que acontece é que o ar quente sobe."

Aluno 12: "Por causa do ar quente."

Aluno 5: "Porque o ar quente é mais leve e sobe [abre os braços no ar]."

Aluno 12: "Porque ele se expande."

Estes são alguns exemplos de falas dos alunos que mostram que a busca por uma explicação para o fenômeno está aparecendo; contudo, os alunos apresentam argumentos isolados e sem justificativas. Podemos notar duas classes de explicações ("o ar está quente e sobe" e "o ar se expande") iguais ou complementares do ponto de vista dos alunos. A professora procurou chamar a atenção deles para a existência de ideias diferentes, porém os estudantes continuaram transitando entre elas, sem considerar conflito algum.

A professora propôs uma nova questão desafiadora: "se continuarmos aquecendo, mas virarmos o erlenmeyer de tal jeito que a bexiga fique para baixo, então ela vai se esvaziar?".

Aluno 15: "Ela ia esvaziar... Se o ar estivesse subindo, ela ia esvaziar."

Professora: "... Se o ar estivesse subindo, ela deveria estar esvaziando..."

Aluno 15: "Mas o ar não está subindo... Ele está se expandido... Então ela não vai esvaziar..."

A professora fez a demonstração.

Alunos: "Ahn..."

Vemos agora a argumentação do aluno 15 já completamente estruturada, apresentando justificativa e um pensamento hipotético-dedutivo, depois, confirmado pela experiência empírica.

---

[2] A transcrição e a análise completa dessa aula estão publicadas em Cappechi, 2004.

CAPÍTULO 3   As práticas experimentais no ensino de Física

Professora: "A gente viu que o ar quente sobe, mas por que ele está descendo? Agora o de cima está empurrando o de baixo, por quê? Porque ele quer...?"
Aluno 2: "Se expande."
Aluno 6: "Tá expandindo."
Professora: "E por que ele se expande?"
Aluno 2: "Porque ele está sendo aquecido."
Professora: "Por que quando ele está sendo aquecido se expande?"
Aluno 5: "Porque se agita."
Professora: "Aquece mais, agita mais, ocupa mais espaço e mantém o ar lá embaixo. Como é que chama isso aqui?"
Aluno 10: "É isso que a gente queria saber."
Professora: "Então, não é a mesma coisa que a gente viu na outra aula?"
Aluno 8: "Não."
Professora: "Nós vimos, agora, o que nós chamamos de dilatação volumétrica...". Continua a sistematização do novo conhecimento.

Essa parte da transcrição da aula mostra os alunos como participantes intelectualmente ativos durante o ensino, exibindo apreensão dos conteúdos ensinados em aulas anteriores e vislumbrando a diferenciação dos fenômenos. Levados pela argumentação do professor a participarem da elaboração dos "porquês" e sentirem necessidade de criar um novo conceito (na verdade, uma nova expressão) – dilatação volumétrica – para dar conta dessa nova explicação causal.

2. Laboratório investigativo

A diferença do laboratório investigativo, quando apresentamos um problema experimental para os alunos em grupo resolverem, é que, com essa atividade, pretendemos alcançar alguns objetivos bem específicos. Pretendemos que os alunos aprendam a resolver problemas experimentais, isto é, que sejam capazes de organizar um plano de trabalho, do qual consigam extrair dados confiáveis, e que saibam interpretar tais dados. Esses não são objetivos fáceis de serem alcançados, e para isso é necessária uma interação construtiva entre professor e alunos.

Os laboratórios investigativos são também importantes para aprendizado das diferentes linguagens da Física. Nessas atividades, quando os alunos manuseiam os materiais na busca de solução do problema, a linguagem oral e cotidiana vai sendo utilizada pelo grupo na procura das variáveis importantes na descrição do fenômeno. Essa linguagem oral e cotidiana vai se transformando em uma linguagem oral mais científica, quando o grupo se organiza para explicar à classe o modo de resolução do problema. Nessa etapa, alguns conceitos científicos podem (e devem) ser sistematizados. Os dados obtidos em um laboratório investigativo vão sofrer várias modificações – são colocados em tabelas e muitas vezes transformados em gráficos e equações. A interação entre a linguagem oral científica e a linguagem matemática empregada vai sendo construída pelos alunos. Esse é, também, um objetivo muito importante no Ensino Médio.

Exemplo 1 – Descrevendo o movimento do tatu-bola

Essa aula de laboratório investigativo foi proposta para iniciar um curso de Cinemática tendo por objetivo introduzir os alunos nas linguagens matemáticas utilizadas na Física – tabelas, gráficos e equações. O conteúdo prévio necessário para a aula é o conceito espontâneo de velocidade que os alunos trazem.

O material experimental para cada grupo de alunos consta de um tubo de PVC oco, transparente, de aproximadamente um metro de comprimento e dois centímetros de diâmetro, uma régua, um relógio que marque os segundos e um tatu-bolinha (pequeno bicho que pode se deslocar pelo tubo).

ETAPA 1 – O problema dado para a classe é: Como vocês podem descrever o movimento do tatu-bolinha dentro do tubo?

Nessa etapa, o professor deve ter certeza de que os alunos entenderam o problema.

ETAPA 2 – A resolução do problema pelos grupos.

Dividir a classe em grupos de 4 a 5 alunos e distribuir o material. É interessante deixar os alunos brincarem um pouco com o tatuzinho para que eles sintam o problema de como descrever o seu movimento. Depois, algumas perguntas devem ser feitas para que os estudantes não se percam e para que comecem a estruturar suas hipóteses. Os grupos devem responder a algumas perguntas: Como vamos descrever o movimento do tatu-bolinha? Quais as variáveis que mostram o movimento do tatu-bolinha? Como medi-las? E se o tatuzinho não andar, podemos descrever o seu não movimento?

Nessa etapa o professor deve acompanhar os grupos, estando atento à discussão dos alunos. Eles precisam fazer a experiência, sentir o que dá certo e o que dá errado. É preciso deixar os alunos errarem, pois as pesquisas em aprendizagem têm mostrado que é a partir do entendimento da causa do erro em seu próprio raciocínio que os alunos melhor compreendem o raciocínio correto (Macedo,1994).

Entretanto, há um erro que eles não conseguem superar sozinhos. Quando os alunos começam a tirar os dados, uma parcela significativa dos grupos fixa o espaço (por exemplo, dois centímetros) e procura ver em quanto tempo o tatuzinho o percorre.

Agora é hora de o professor interferir e refazer a pergunta: "e se o tatuzinho resolver parar no meio do caminho, como vocês vão fazer?". É importante que eles percebam a impossibilidade de obter respostas e a necessidade de se fixar o tempo e medir o quanto o animal anda nesse intervalo. Esse é um aprendizado essencial para todas as Ciências. É importante que os alunos sintam que, nos fenômenos da natureza, o tempo é sempre a variável independente, e isso se reflete nas fórmulas matemáticas que descrevem a natureza – elas sempre são escritas como funções do tempo, por exemplo: $e = f(t)$ ou $v = f(t)$ etc.

O professor, porém, não deve propor com detalhes a sistematização dos dados, isto é, como os grupos farão a tabela entre as variáveis: espaço e tempo. As diferentes tabelas elaboradas pelos grupos irão, na próxima etapa da aula, proporcionar discussões contextualizadas de outros conceitos da Cinemática, como, por exemplo, espaço inicial, velocidade média, sentido do movimento etc.

Depois de os alunos terem extraído os dados, o professor pode pedir para cada grupo traçar o gráfico (e × t).

ETAPA 3 – Os alunos apresentam o que fizeram.

Postos na lousa os gráficos dos diferentes grupos, o professor deve propor uma série de questões para promover o total entendimento dessa linguagem. Por exemplo: como descobrir, por meio dos gráficos dos grupos, qual dos tatuzinhos andou mais depressa? Onde, no gráfico, está representada a velocidade do animal? Qual é o gráfico do tatuzinho que não quis andar? Qual parte do gráfico representa quando o tatuzinho parou? Por que o gráfico de um grupo é diferente dos outros?

Ao se discutirem essas questões, os conceitos vão sendo contextualizados e a interação entre a linguagem gráfica e a fenomenológica vai sendo construída pelos alunos.

ETAPA 4 – A sistematização dos resultados.

Como mostramos anteriormente, essa etapa pode ser feita em outra aula, que chamaríamos de teórica, mas que deveria iniciar com questões do tipo: Como se escreve a função matemática para descrever o movimento de cada tatuzinho? Como verter a linguagem gráfica para a equação?

A construção social desses conhecimentos, fundamentais para a compreensão da Física, pode ser conduzida por meio de uma interação professor-grupos, na qual cada grupo de alunos passa a construir a equação matemática do movimento de seu próprio tatuzinho. Nessa condição, o discurso dos alunos, a tabela, o gráfico e a equação são diferentes linguagens de um mesmo fenômeno.

ETAPA 5 – Relatando por escrito.

Após essa série de aulas – às vezes duas, às vezes três, dependendo do conhecimento prévio da classe –, é bom que cada aluno sistematize, com suas próprias palavras, o entendimento do processo desde o problema inicial – "Como descrever o movimento do tatu-bolinha dentro do tubo?" – até a equação do espaço em função do tempo do tatuzinho. Esse exercício de sistematização é importante tanto para os alunos, que tomam consciência do que aprenderam, como para o professor, para verificar o que conseguiu ensinar.

Essa é uma aula de laboratório bastante divertida, relembrada pelos alunos após anos, e uma das melhores para que os alunos construam amigavelmente a relação da Física com as outras linguagens utilizadas nas ciências.

Outros exemplos de laboratório investigativo podem ser encontrado em Carvalho *et al.* (1999) e no site www.lapef.fe.usp.br, tanto para o Ensino Médio como para o Ensino Fundamental.

Problemas enfrentados nas atividades experimentais

Apesar de todos os professores estarem cientes da importância das atividades experimentais no ensino de Física para todos os níveis de ensino, não é difícil encontrar alunos que nunca entraram em um laboratório didático! Muitos são os problemas enfrentados pelos professores na organização destas atividades. Vamos aqui discutir os mais frequentes.

O tempo – As atividades experimentais consomem um tempo considerável, já muito limitado nos currículos atuais, principalmente na rede pública, quando o professor conta com duas ou três aulas semanais. Assim, o professor precisa selecionar com muita clareza a experiência que será tratada como um laboratório investigativo. Essa deve ser uma experiência crucial para o desenvolvimento do conteúdo a ser ensinado. Outros fenômenos podem ser tratados menos profundamente, utilizando aulas de demonstração, pois, quando bem conduzidas e engajando mentalmente os alunos, sempre podem ser eficientes e utilizam menos tempo.

O material experimental – O material selecionado para a atividade experimental sempre tem um papel fundamental para promover o que os alunos vão observar e aprender, ou para confundi-los. A simplicidade ou complexidade, a novidade ou a familiaridade dos materiais do laboratório tornam-se uma importante variável, que os professores precisam considerar para promover uma aprendizagem significativa.

A utilização de equipamentos e materiais de baixo custo, usados com frequência pelos alunos em seu cotidiano, pode ajudá-los no entendimento dos fenômenos e em suas aplicações. Por outro lado, é importante introduzi-los aos *softs* e aos equipamentos mais sofisticados, mas, nesses casos, é preciso levar em consideração que os estudantes focam suas atenções primeiramente no novo material e em seu funcionamento, para, depois, prestarem atenção no conceito científico. E isso leva tempo! Quando os estudantes utilizam os *softs* para a elaboração de gráficos pela primeira vez, eles prestam mais atenção no procedimento que envolve sua utilização do que na representação gráfica das relações e conceitos que esta ferramenta produziu.

Temos de tomar cuidado quando o material necessário para uma experiência é de manipulação perigosa ou muito caro. Então, é melhor que sejam manipulados pelo professor em uma aula de demonstração.

Existem muitos artigos em revistas nacionais que relatam experiências interessantes, identificando o material experimental utilizado.

Referências bibliográficas

AZEVEDO, M. C. P. S. Ensino por Investigação: problematizando as atividades em sala de aula. In: Carvalho, A. M. P. *Ensino de Ciências: Unindo a Pesquisa e a Prática*. São Paulo: Pioneira Thomson Learning, 2004.

BORGES, A. T. Novos rumos para o laboratório escolar de ciências. *Cadernos Brasileiro de Ensino de Física*, v. 21, Edição Especial 2004, p. 9-30

CAPECCHI, M. C. M. *Aspectos da Cultura Científica em Atividades de Experimentação nas Aulas de Física*. São Paulo, 2004. Tese (Doutorado). Faculdade de Educação da Universidade de São Paulo, São Paulo.

CAPECCHI, M. C. M.; CARVALHO A. M. P. Atividades de laboratório como Instrumentos para a abordagem de aspectos da cultura científica em sala de aula, *Por-Posições*, v. 17, n. 1 (49), p. 137-153, 2004.

CAPPECHI, M.C.M.. Argumentação numa aula de Física. In: Carvalho, A. M. P. *Ensino de Ciências: Unindo a Pesquisa e a Prática*. São Paulo: Pioneira Thomson Learning, 2004.

CARMO A. B.; CARVALHO, A. M. P. Construindo a linguagem matemática em uma aula de Física. In: Nascimento, S.S.; Plantin, C. *Argumentação e Ensino de Ciências*. p. 93-117. Curitiba: Editora CRV, 2009.

CARMO A. B.; CARVALHO, A. M. P. Construindo a linguagem gráfica em uma aula experimental, *Ciência e Educação*, v. 15, n. 1, p. 61-84, 2009.

CARVALHO, A. M. P; SANTOS, E. I.; AZEVEDO, M. C. P. S.; DATE, M. P. S.; FIJII, S. R. S.; NASCIMENTO, V. B. *Termodinâmica: um ensino por investigação*. São Paulo: USP, 1999.

COUTO, F. P.; AGUIAR JUNIOR, O. Sustentando o interesse e engajamento dos estudantes: análise do discurso em atividade demonstrativa de Física. *Atas do VII ENPEC, Encontro nacional de Ensino de Física*, ABRAPEC, Florianópolis, 2009.

DRIVER, R.; NEWTON, P. e OSBORNE, J. Establishing the norms of scientific argumentation in classrooms. *Science Education*. v. 84, n. 3, p. 287-312, 2000.

DUSCHL, R. A. (2000) Making the nature of science explicit. in MILLAAR, J. L. & OSBORNE (ed.). *Improving science education: the contribuition of Research*. Philadelphi: Open University Press, 2000.

GIL, D. FERNANDES; I., CARRASCOSA; J. CACHAPUZ, A.; PRAIA, J. Para uma imagem não deformada do trabalho científico. *Ciência & Educação*, v. 7 (2), p. 125-153, 2001.

JIMÉNEZ-ALEIXANDRE, M. P. A argumentação sobre questões sócio-científicas: processos de construção e justificação do conhecimento na aula. *ATAS do ENPEC*, Bauru, 2005.

KRESS, G.; JEWITT, C.; OGBORN, J.; TSATSARELIS, C. *Multimodal teaching and learning: the rhetorics of the science classroom*. Londres: Continuum, 2001.

KOULAIDS, V.; OGBORN, J. Science Teacher Philosophical assumptions: how well do we understand them? *International Journal Science Education*, n. 177, v. 3, p. 2733-2833, 1995.

LATOUR B.; WOOLGAR, S. *A vida de laboratório*: a produção de fatos científicos. Rio de Janeiro: Relume Dumará, 1997.

LAWSON, A. E. Epistemologiacal foundatios of cognition. In: D. Gabel (Ed.) *Handbook of Research on Science Teaching and Learning*. Londres: MacMillan, 2994.

LAWSON, A. E. How do humans acquire knowledge? And what does that imply about the nature of knowledge? *Science & Education*, n. 9, v. 6, p. 577-598, 2000a.

LAWSON, A. E. The generality of hypothetico-deductive reasoning: Making scientific reasoning explicit. *The American Biology Teacher*, 62 (7), p. 482-495, 2000b.

LEMKE, J. Multimedia literacy demands of the scientific curriculum. *Linguistics and Education*, n. 10, v. 3, p. 247-271, 2000.

LEMKE, J. Multiplying meaning: visual and verbal semiotics in scientific text. In: MARTIN, J. e VEEL, R. (Eds.) *Reading Science*. Londres: Routledge, 1998.

LEMKE, J. Teaching all the languages of Science: words, symbols, images and actions. (no prelo, a ser publicado em *Metatemas*, Barcelona). Disponível em: http://academic.brooklyn.cuny.edu/education/jlemke/sci-ed.htm.

LOCATELLI, R. J.; CARVALHO A. M. P. Como os alunos explicam os fenômenos físicos. *Enseñanza de las Ciencias*, 2005.

LOCATELLI, R. J. *Uma análise do raciocínio utilizado pelos alunos ao resolverem os problemas propostos nas atividades de conhecimento físico*. São Paulo, 2006. Dissertação de Mestrado. Faculdade de Educação da Universidade de São Paulo.

LUNETTA, V. N.; HOFSTEIN, A.; CLOUGH, M. P. Learning and Teaching in the School Science Laboratory: an Analysis of Research, Theory and Pratice. In: Aabell, S. K.; LEDERMAN, N. G. *Handbook of Research on Science Education*. Londres: Lawrence Erlbaum Associates Publishers, 2007.

MACEDO, L. *Ensaios Construtivistas*. São Paulo: Casa do Psicólogo, 1994.

MATTHEWS, M. R. Un lugar para la historia y la filosofia en la enseñaza de las ciencias. *Comunication, Lenguaje y Educación*, v. 11, n. 12, p. 141-155, 1991.

NEWTON, P.; DRIVER, R.; OSBORNE, J. The place of argumentation in the pedagogy of school science. *International Journal of Science Education*, n. 21, p. 553-576, 2000.

OLIVEIRA, C. M. A.; CARVALHO, A. M. P. Escrevendo em Aulas de Ciências. *Ciências e Educação*, v. 11, n. 3. P. 347-366, 2005.

OLIVEIRA, C. M. A. *Do discurso oral ao texto escrito nas aulas de ciências*. São Paulo, 2009. Tese de doutorado. Faculdade de Educação da Universidade de São Paulo.

OSBORNE, J.; ERDURAN, S.; MONK, M. Enhancing the quality of arguments in school science. *School Science Review*, v. 83, n. 301, 2001.

PEDUZZI, S.; PEDUZZI, L. Editorial. *Cadernos Brasileiro de Ensino de Física*, v. 21, Edição Especial, p. 7, 2004.

PELLA, M. O. The Laboratory and Science Teaching. In: ANDERSEN, H. O. *Reading in Science Education for the Secondary School*. Londres: The Macmillan Company, 1969.

RIVARD, L. P.; STRAW S. B. The Effect of Talk and Writing on Learning Science: An Exploratory Study. *Science Education*, 84, p. 566-593, 2000.

RIVARD, L. P. A Review of Writing to Learn in Science: Implications for practice and research. *Journal of Research in Science Teaching*, 31, p. 969-204, 1994.

TOULMIN, S. *The uses of argument*. Cambridge: Cambridge University Press, 1958.

Exercícios para serem resolvidos em um curso de formação de professores

1. Escolha um tópico do currículo de Física do curso médio que deve ser ensinado em um semestre letivo. Mesmo com duas ou três aulas por semana não temos tempo para um grande número de laboratórios investigativos, e devemos dar pelo menos duas destas atividades por semestre. Escolha quais os fenômenos a serem ensinados que você proporia desenvolver em um laboratório investigativo e quais seriam ensinados em uma aula de demonstração.

2. Planeje essas aulas tendo em vista o papel que o professor deve desempenhar nas atividades, isto é, procure pensar nas questões a serem feitas aos alunos nas cinco etapas.

3. Analise as atividades experimentais de um livro didático utilizando a tabela que reproduz os graus de liberdade intelectual professor--alunos em uma aula de laboratório.

4. Transforme uma das atividades do exercício 3 em um laboratório investigativo.

5. Imagine a seguinte situação: seu diretor o chamou para comunicar que tinha recebido uma verba, limitada, para montar um laboratório na escola. Prepare uma lista de materiais para entregar ao diretor.

6. Discuta, como se fosse outro professor da mesma escola, a lista organizada por seus colegas. Verifique se a lista dos materiais é capaz de abranger as atividades experimentais – demonstrações e laboratórios investigativos – organizadas por você no primeiro exercício.

CAPÍTULO 4
A Matemática como linguagem estruturante do pensamento físico

Maurício Pietrocola

Hoje, a Matemática está alojada de forma definitiva no seio da Física. Isto fica claro quando avaliamos os produtos de sua atividade científica. Nos livros e artigos, vê-se que a Matemática recheia o discurso físico por meio de funções, equações, gráficos, vetores, tensores, inequações e geometrias diversas, entre outros.

Devido ao importante papel que a Matemática tem desempenhado na organização das teorias físicas, alguns autores veem a sua adequação como um critério de racionalidade, e não apenas um indicativo de convencionalismo ou empiricismo (Simon, 2005). Paty (2000) aborda tema semelhante ao propor que o aprofundamento do conhecimento matemático, em particular daquele utilizado na organização de problemas físicos, alarga a racionalidade humana. Isso é revelado na existência de debates sobre a escolha de sistemas matemáticos para representar teorias (Silva e Martins, 2002). Longe de constituir simples escolhas de conveniência, a definição de sistemas formais tem sido objeto de questões que envolvem a significação física das teorias (Silva e Martins, 2002). No ensino da Física, a Matemática é muitas vezes considerada como a grande responsável pelo fracasso escolar. É comum professores alegarem que seus alunos não entendem Física devido à fragilidade de seus conhecimentos matemáticos. Para muitos, uma boa base matemática nos anos que antecedem o ensino de Física é garantia de sucesso no aprendizado.

Os currículos de Física no nível superior refletem esta preocupação, dando uma ênfase muito grande à formação matemática. As grades curriculares destes cursos são organizadas de modo a que haja muitas disciplinas de Matemática (álgebra linear, geometria avançada, cálculo diferencial etc.) nas fases iniciais do curso. A relação entre Física e Matemática depreendida a partir desses currículos reflete uma hierarquia do tipo "pré-requisito profissional": para fazer Física há que se saber Matemática, então vamos ensiná-la primeiro! Porém, a questão colocada desta forma mascara o problema de saber como a Matemática deve ser ensinada quando se pretende utilizá-la nas aulas de Física. Na educação básica, o diagnóstico intuitivo de professores, coordenadores pedagógicos e educadores em geral não é muito diferente do que propusemos para o ensino superior. Via de regra, acreditam que a Matemática é um dos grandes responsáveis pelo sucesso/fracasso nas aulas de Física na escola. Mesmo os alunos acreditam que saber Matemática é fator determinante para superar as dificuldades específicas das atividades propostas nas aulas de Física. Por exemplo, a Cinemática, amplamente ensinada em nível médio, se apóia fortemente em conhecimentos sobre *funções*. Não é incomum que os professores se esmerem na interpretação física de problemas, chegando a apresentar a função que representa a solução do problema, para em seguida dizer: "daqui para frente é só Matemática[1] e a resolução completa disto vocês já aprenderam em outra disciplina". Isto sugere que, uma vez entendido o problema do ponto de vista físico, dali para frente, as competências não são mais de responsabilidade daquele professor. A transformação do problema em um algoritmo matemático e sua solução passariam a depender de habilidades aprendidas em outra disciplina. Este cenário convida os

---

[1] Vale dizer que o conhecimento matemático aqui em jogo pertence à área da Álgebra, que, mesmo entre os matemáticos, tem o estereótipo de um conhecimento "fácil".

CAPÍTULO 4   A matemática como linguagem estruturante do pensamento físico

professores de Física a atribuir à Matemática a responsabilidade pelas dificuldades na aprendizagem e não naquilo que ensinam. Erros de alunos na resolução de equações do segundo grau, no cálculo de coeficientes angulares de curvas em gráficos, na solução de sistemas de equações etc. são comuns, reforçando a ideia de que se trata de falta de conhecimento matemático.

Admitir que boa parte dos problemas no aprendizado da Física localiza-se no domínio da Matemática reflete concepção ingênua sobre o conhecimento. Sem perceber, os professores que pensam desta maneira acabam por considerar a Matemática como mero *instrumento* da Física! Ao estilo bachelardiano[2], é necessário realizar uma catarse nas crenças que sustentam essa concepção epistemológica. Inicialmente podemos dizer que aprender Matemática é muito diferente de aprender a usar Matemática em Física. Redish (2005) deixa claro este aspecto, afirmando que "... a linguagem da Matemática que usamos na Física não é a mesma ensinada pelos matemáticos. Existem muitas diferenças notáveis (p. 1)". Enquanto linguagem que sustenta as relações que estabelecemos com o mundo físico, a Matemática é mediadora entre nossas ideias e as coisas que visamos representar. Enquanto parte do conhecimento constitutivo das Ciências Naturais, a Matemática enfrenta, assim como o rochedo, o eterno dilema[3] de estar entre o *concreto* e o *abstrato*, entre a *razão* e a *experiência*, entre o *teórico e o empírico*. Simplificando a relação Matemática-Física numa falsa questão de pré-requisito, corre-se o risco de erigir um perigoso *obstáculo-pedagógico*[4]. Um passeio pela história da Física pode ajudar a esclarecer um pouco mais este ponto.[5]

---

[2]   Ver Bachelard, 1938.
[3]   Paty afirma que isto se constitui num *"drama* entre o real e o abstrato simbólico". (Paty, 1989, p. 234).
[4]   Ver Astolfi, 1994.
[5]   Em outro trabalho, aprofundamos a análise sobre a formação do conhecimento físico para melhor avaliar a função da Matemática no seu ensino (Pietrocola, 2002).

A história da relação Física-Matemática

A Física, dentre as ciências experimentais, é a que mais fortemente se organiza em um sistema simbólico formalizado. Na escola, aprendemos a ver as leis físicas expressas em linguagem matemática. Embora pareça natural que isto seja assim, um olhar mais crítico pode revelar tratar-se de uma relação construída ao longo do tempo, fruto de desenvolvimentos produzidos desde o século XVII (Paty, 1999). Para Bunge (1977), a capacidade de os sistemas matemáticos representarem corretamente os fenômenos naturais é fruto de um sucesso histórico, ou seja, resultado de processo legitimado pelo tempo. Para Lautman, "há um real físico e o milagre a ser explicado é que haja necessidade das teorias matemáticas mais desenvolvidas para explicá-lo" (Lutman apud Paty, 1989, p. 235). Uma incursão pela história oferece a oportunidade de avaliar outras maneiras de expressar "leis" sobre o mundo natural. Na Antiguidade, na Idade Média e no Renascimento, fenômenos naturais como a queda dos corpos e os movimentos dos astros eram interpretados por meio de sistemas conceituais muito diferentes dos sustentados pela Ciência moderna. Egípcios e babilônios, por exemplo, elaboraram sistemas cosmológicos que incluíam previsões de eventos celestes e calendários que não tinham nas matemáticas seu alicerce principal.[6] Evitando nos afastar demasiadamente da tradição científica moderna, podemos tomar como um sistema exemplar a "Física aristotélica", cuja interpretação do mundo físico baseava-se na ideia de *lugar natural* e na lei que afirmava que os corpos buscavam *seu lugar natural* no universo: corpos com essência do tipo *terra* se encontrariam mais próximos do centro do Universo, em oposição àqueles do tipo *fogo*, que estaria na parte periférica da esfera terrestre. Também as críticas a partes desse sistema de pensamento, feitas por Buridan, Oresme e outros escolásticos medievais, não eram matematizadas. Na origem, tais pensamentos eram descritos em latim medieval, fazendo uso de argumentos refi-

---

[6] Ver Kuhn, 1957.

CAPÍTULO 4 A matemática como linguagem estruturante do pensamento físico

nados, mas apresentados em linguagem não formalizada, como na maioria dos tratados da época.

Foi no século XVII, com o advento da Ciência moderna, que os fenômenos naturais passaram a ser sistematicamente expressos por meio de relações matemáticas. Essa prática configurou-se como herança da tradição pitagórica. Nela, a natureza era concebida por meio de analogias entre os fenômenos, e as relações, tiradas de formas idealizadas. A Geometria era a linguagem da natureza por excelência, sendo o mundo seu campo de inspiração e aplicação das relações lá produzidas. A Matemática se colocava como o revestimento de formas ideais que se acreditava estariam na própria essência da natureza (Paty, 1989). Galileu introduz uma pequena modificação na tradição pitagórica. Para ele, a Matemática era um conhecimento que permitia uma leitura direta da natureza (Paty, 1989).[7] Galileu apresenta sua ideia sobre linguagem da natureza no texto *Il Saggiatore*.[8] Sobre a concepção galileana de linguagem, Paty afirma que:

> Para justificar o caráter matemático da magnitude das leis em física, Galileu invocava a ideia de que o "livro da natureza" é escrito em linguagem de figuras e números. "Suas letras tipográficas", ele escreveu falando do Universo, "são triângulos, círculos e outras figuras geométricas, sem as quais é impossível para um ser humano entender uma única palavra dele". E acrescentou que todas as propriedades dos corpos externos na natureza podem ser atribuídas, em última análise, às noções de "magnitudes, figuras, números, lentidão ou rapidez, e elas têm efeitos sobre nossas percepções sensoriais, e são, por assim dizer, a essência verdadeira das coisas"[9]

---

[7] Paty 1989, p. 234. O autor acrescenta, em nota, que para Galileu esta língua era basicamente a Geometria. A evolução da Ciência mostra que, pouco a pouco, a Álgebra foi tomando o lugar da Geometria, em particular com o advento da mecânica newtoniana baseada na ideia de ação instantânea à distância.

[8] Galileu, in *Il Saggiatore* (Galileu, [1623]).

[9] Paty, 1999, p. 9. Traduzido pelo autor.

No contexto da obra galileana, a Geometria mantém seu *status* de linguagem preferencial do mundo (exemplo do que acontecia na tradição pitagórica), mas agora como recurso do pensamento para sua organização teórica. Este processo se configura como uma "tradução matemática", na qual o cientista seria o tradutor pela sua capacidade de transitar entre os dois "idiomas": da natureza e da Matemática.

Outro cientista que teve um papel importante neste tema foi Newton. O título de seu livro, os *Princípios matemáticos da filosofia natural,* antecipa sua intenção de apresentar bases matemáticas para as leis naturais. Os *Princípios matemáticos* estavam relacionados a uma geometria sintética, tributária, em parte, de sua concepção de matematização da Mecânica, e, por que não dizer, de toda a Física.

Os desenvolvimentos da Mecânica pós-newtoniana, com os trabalhos de Leonhard Euler, Alexis Clairaut e Jean le Rond d'Alembert, no século XVIII, embora tributários da abordagem original, legitimam a matematização em outros temos. A concepção neoplatônica e as grandezas matemáticas de base seriam substituídas por uma metafísica mais neutra, que deveriam expurgar do corpo teórico da física as ideia de *força,* entre outras. Instala-se, então, uma tradição de "Física-Matemática", na qual a tradução matemática passa a se constituir numa *mediação* propriamente física. Neste contexto, a matematização é concebida como inerente aos conceitos e suporte para a sua construção. Ampère (séc. XIX) é um partidário dessa nova forma de concepção, pois seu procedimento visava "escolher o modo mais radical de abordagem conceitual em vista da matematização (do saber experimental)... de encurtar ao máximo a distância entre o discurso matemático e os dados concretos aos quais ele está destinado a informar e esclarecer".[10] Essa tradição se impôs na pesquisa física pelo uso, mostrando o poder dos símbolos que funcionam por si próprios. As teorias físicas contemporâneas atingem seu maior requinte, pois é impossível pensar o empírico sem auxílio de um simbolismo mate-

---

[10] Merleau-Ponty, apud Paty, 1989, p. 234, nota 3.

mático altamente sofisticado. Como entender o comportamento dos elétrons num átomo sem o uso de equações de onda? Como tratar as origens do Universo sem o auxílio dos tensores? As respostas a essas questões ajudam a entender que a Matemática está alojada em definitivo no corpo do conhecimento físico.

A Matemática como linguagem da Física

Uma maneira produtiva de refletir sobre as relações entre linguagem matemática e o ensino de conhecimentos científicos foi considerar a evolução histórica do pensamento sobre o mundo natural. Como discutido anteriormente, foram necessários séculos, senão milênios, para que o pensamento científico pudesse se apoiar em linguagem matematizada.[11] Dos antigos gregos aos iluministas franceses, episódios históricos podem revelar as dificuldades do pensamento científico em se estruturar a partir da Geometria, da Álgebra e de outros sistemas lógicos visando interpretar os fenômenos naturais. Esperar que nossos estudantes incorporem naturalmente a Matemática ao pensamento físico é desconsiderar o esforço de gerações de cientistas que tornaram isso possível. Procedendo desta maneira, corre-se o risco de permitir que concepções ingênuas sobre a relação Matemática-Física se instalem no processo de ensino-aprendizagem, outorgando à primeira o papel de apenas descrever um mundo físico inerentemente organizado.

Uma forma didaticamente produtiva de considerar a relação entre a Física e a Matemática é considerar a última linguagem da primeira. Mas não na perspectiva galileana apontada acima, demasiadamente simplista. Não é suficiente aprender o "alfabeto" matemático para extrair as leis e os princípios dos fenômenos físicos, assim como não é suficiente conhecer o alfabeto árabe para ser capaz de ler o Alcorão em sua versão original. Isso porque a linguagem, mesmo escrita, constitui-se num sistema mediador entre as coisas e as rela-

---

[11] Para tanto, ver Paty, 1989.

ções presentes no mundo e nosso pensamento. Bronowski (1983) deixa esse ponto claro ao destacar dois aspectos da linguagem. Uma que ele chama de *linguagem de ordens* e outra, de *linguagem de ideias*. Para este autor, a linguagem de ordens é aquela dos animais e que exprimem necessidades imediatas. Um cão ao rosnar diz "não se aproxime". Seres humanos também empregam a linguagem de ordem, mas possuem outro tipo de uso da linguagem, que lhes é exclusivo. A linguagem de ideias é muito mais complexa. Podemos nos comunicar sobre fatos e situações concretas e presentes do mundo, mas também sobre situações imaginadas e acontecimentos passados produzidos e armazenados em nossa mente. Somos também capazes de fazer avaliações e julgamentos. Ao empregarmos a palavra "bonito", não estamos fazendo apenas a descrição de uma situação ou coisa. Produzimos uma avaliação sobre algo, que possui elementos presentes, mas também sobre outros que não estão ali. Ao empregarmos a palavra "bonito", estamos lançando mão de uma ideia que não se encontra especialmente vinculada a objetos, situações ou sensações. Utilizamos tal palavra para designar tanto objetos, como a Monalisa de Da Vinci, ou a Catedral de Brasília, mas também sobre uma cena familiar, ou ainda sobre um gesto de afeto.[12]

Segundo Bronowski:

> A existência de palavras ou símbolos para coisas ausentes, desde "dia bonito" a "impedimento definitivo", permite que os seres humanos pensem em si mesmos em situações que não existem realmente. Este dom é a imaginação, e é simples e forte, porque não é senão a capacidade humana de criar imagens no espírito e de as utilizar para construir situações imaginárias.[13]

A ideia aqui expressada por Bronowski permite atribuir um papel criador à linguagem, que, ao dar forma às ideias produzidas por

---

[12] Para uma discussão mais aprofundada sobre a linguagem, ver Pietrocola, 2002.
[13] Bronowski, 1983, p. 33.

CAPÍTULO 4 A matemática como linguagem estruturante do pensamento físico

nossa imaginação, **estrutura** o pensamento e permite apreender as mais diversas faces do mundo, física, social, onírica, dentre outras.

No interior da Ciência, a linguagem também tem papel estruturador. No entanto, se diferencia da linguagem comum por fazer uso de formalizações, que praticamente inexistem na primeira. Devemos entender por formalização o recurso a sistemas simbólicos, como a Geometria e a Álgebra, que se organizam em sistemas com uma poderosa lógica interna, que garante coerência, coesão e precisão. Nesse ponto, a distinção entre a linguagem cotidiana e científica se torna muito grande. Mas não existe uma ruptura total entre ambas, senão uma passagem lenta e segura da linguagem menos precisa e coerente do dia-a-dia para uma linguagem formalizada na Ciência, que em Física atinge seu ápice com o uso das teorias matemáticas. Isso pode ser mais bem entendido fazendo recurso à análise histórica. Tomemos como exemplo os estudos empreendidos sobre a mecânica celeste ao longo dos séculos XVI e XVII. A questão que motivava pensadores como Gilbert, Descartes, Kepler, Galileu, Hooke, Newton e outros era explicar as causas do movimento de translação dos planetas em torno do Sol, e da Lua em torno da Terra. Uma visita aos textos da época mostrará o uso diversificado de termos, noções, hipóteses para tentar produzir um modelo coerente capaz de explicar o que se sabia na época sobre as posições desses astros ao longo do ano. Para Gilbert, os movimentos deveriam ser resultado de uma atração de origem magnética. Já para Descartes, seria obra de vórtices existentes no espaço. Mas é Newton quem lançará as bases de uma teoria capaz de dar coesão, coerência e precisão aos fenômenos estudados desde a Antiguidade. A ideia de força gravitacional agindo à distância entre os corpos, na proporção direta das massas e inversa do quadrado da distância, permitiu não só explicar o movimento dos planetas conhecidos, como prever a existência de outros. Em pouco mais de 70 anos, seus seguidores desenvolveram uma teoria física altamente formalizada, a mecânica analítica.

Todos os processos de produção científica iniciam-se por fases em que não é claro o que está em jogo no funcionamento de um sistema físico, ou o que realmente determina o acontecimento de um fenômeno. Essas fases são seguidas por outras, quando o investimento em pesquisa já permitiu identificar o que realmente está ocorrendo. Sutton (1997) distingue estes dois tipos de linguagem na ciência: de *etiqueta* e *interpretativa*. A linguagem *interpretativa* é característica das fases iniciais da pesquisa, quando consensos, certezas, convenções e normas ainda não puderam ser obtidos. Já a linguagem de *etiqueta* é característica das fases terminais, quando o processo construtivo se completa.

Lemke (1998a e 1998b) acrescenta que, no caso da Ciência, e da Física em particular, há uma mistura de componentes verbal-*tipológico* e matemático-*topológico*. A componente tipológica, característica das linguagens oral e escrita, envolve categorias discretas, como quente e frio, momento linear e momento angular, em cima e embaixo, pequeno e grande, rápido e lento. Já a componente topológica, característica da linguagem formalizada (científica em geral), envolve categorias contínuas, como temperatura, distância, tempo, volume, velocidade etc. Parece provável que a Ciência, ao tentar tratar de fenômenos como o deslocamento de corpos, o fluir das águas e o passar do tempo, enfrentou a limitação das categorias discretas da linguagem comum e construiu, historicamente, uma linguagem baseada em categorias contínuas. Construindo pontes linguísticas entre ambas as categorias, o cientista foi capaz de tratar com rigor fenômenos como o lançamento de projéteis e a oscilação de um pêndulo. Na descrição desses fenômenos, ideias como, por exemplo, rápido e lento puderam ser traduzidas por relações matemáticas nas quais velocidades crescem e descrescem com o tempo.

É interessante perceber como o complexo processo de integração entre as linguagens comum e científica, que caracteriza o processo de construção do conhecimento científico, é rapidamente esquecido no interior da própria Ciência. O poder sintético da linguagem matemática e das relações aí produzidas entre as categorias topológicas fornece uma representação operacional confortável ao cientista, que pode, provisoriamente, se libertar da idiossincrasia das categorias

CAPÍTULO 4 A matemática como linguagem estruturante do pensamento físico

tipológicas da linguagem comum. Seria como se, por meio da representação matematizada, o físico pudesse "ver" o que está ocorrendo, mesmo em se tratando de fenômenos distantes dos sentidos, como as moléculas de um gás aquecido ou os elétrons num condutor percorrido por corrente (Roth, 2003). Dizemos que neste ponto, a linguagem utilizada na ciência normalizou-se. Desaparecem as fases iniciais da pesquisa, em que a linguagem é menos segura e sujeita a imprecisões, aproximações e dúvidas (Halliday e Martin, 1993; Sutton, 1997; Pietrocola, 2003).

O ensino de Ciências tende a focalizar apenas os períodos terminais, distorcendo os vários usos que o cientista faz da linguagem, induzindo os estudantes a considerar que se realiza uma mera descrição de fatos preexistentes. Essa afirmação permite entender por que os estudantes consideram o trabalho do cientista como *descoberta*, mais do que *invenção* (Ryan e Aikenhead, 1992) e acreditam que as verdades científicas preexistem ao conhecimento (Sully, 1989). Esses dados nos autorizam a postular a necessidade de que os alunos sejam ensinados a fazer uso da linguagem na Ciência em seus vários momentos: passar da linguagem interpretativa para a de etiquetas; transitar entre a linguagem tipológica e topológica.

Vigotski (1991), ao escrever sobre a pré-história da linguagem, fornece argumentos que reforçam essa proposição. Ele afirma que uma criança pode desenvolver por conta própria a linguagem falada. Mas que a linguagem escrita lhe é artificial e, portanto, precisa ser ensinada (Vigotski, 1991, p. 139). E acrescenta que, tradicionalmente, o ensino da escrita, tem sido feito tecnicamente. Essa percepção do ensino da linguagem como *técnica* é válida ainda hoje, e não só para a linguagem escrita como também para a linguagem matemática na Ciência. Professores acreditam que, pelo fato de os estudantes dominarem operacionalmente alguns sistemas matemáticos, como funções, geometria, coordenadas cartesianas etc., estão habilitados a tratar os fenômenos físicos por meio deles (Karan e Pietrocola, 2009; Redish, 2005). Isso induz a considerar que o domínio técnico da Matemática é suficiente ao pensamento científico na apreensão do mundo físico. Esquecem que o pensamento científico não descreve matematicamente o mundo, mas inicialmente interpreta-o para em seguida descrevê-lo.

Tanto a linguagem escrita como a linguagem matemática são sistemas particulares de símbolos e signos, que, para além da dimensão técnica, constituem-se em representações de coisas que transcendem os seus significados internos – ambas as linguagens são simbolismos de segunda ordem. Na linguagem escrita, signos representam sons e palavras que reproduzem a fala; aqueles são, por sua vez, signos de relações e entidades do mundo. Nesse caso, a fala é o elo intermediário entre o mundo e as palavras escritas. Na linguagem matemática empregada na Física, os símbolos e signos matemáticos representam os conceitos, que, por sua vez, representam objetos do mundo científico. Nas duas linguagens, o uso contínuo está diretamente ligado às entidades do mundo e suas relações que se propõem a representar. Ou seja, o hábito torna tais linguagens linguagens de primeira ordem sobre o mundo. Quando isso acontece, o pensamento não mais considera o estágio intermediário dos símbolos matemáticos em si, mas apropria-se da linguagem matemática enquanto estrutura diretamente relacionada à parte do mundo cujo funcionamento pretende representar. A linguagem matemática passa a ser *estruturante* do pensamento científico, permitindo organizar o conhecimento.[14] Físicos não pensam exclusivamente tomando por base a linguagem comum (coloquial), mas tomando a linguagem das matrizes, das funções de probabilidades etc., que servem para representar átomos e moléculas. Cosmólogos organizam seu pensamento em conformidade com os ditames da linguagem tensorial. Químicos, biólogos e mesmo economistas dispõem de linguagens matemáticas específicas para lidar com seus campos. Para grande parte dos cientistas de hoje não há alternativa: os problemas e soluções importan-

---

[14] Para mais detalhes sobre o papel estruturante da Matemática, ver Pietrocola, 2002 e 2005.

tes devem ser pensados matematicamente, ou seja, em conformidade com determinadas linguagens matemáticas consagradas pelo uso.

Implicações didático-pedagógicas

A Matemática é parte essencial dos saberes necessários para a aprendizagem da Física. Podemos destacar duas formas pelas quais o ensino da Matemática na Física permite a aprendizagem de conteúdos físicos. A primeira se fundamenta no domínio técnico dos sistemas matemáticos, como a operação com algoritmos, a construção de gráficos, a solução de equações etc. Esse domínio está ligado ao contexto interno dos saberes matemáticos, e designaremos *habilidade técnica*, no sentido de ser capaz de lidar com as regras e propriedades específicas dos sistemas matemáticos. A segunda se fundamenta na capacidade de utilizar os saberes matemáticos para a estruturação de situações físicas. Essa capacidade está ligada ao uso organizacional da matemática em domínios externos a ela e a designaremos *habilidade estruturante*.[15] Existe um mito sobre a relação entre o ensino de Física e o ensino de Matemática que pode ser derrubado quando se tem clareza sobre as diferenças entre essas duas habilidades – enquanto a primeira pode ser obtida fora do ensino da Física, ou seja, em disciplinas de conteúdo exclusivamente matemático, a segunda não pode. A capacidade de lidar com a Matemática em situações que lhe são próprias não garante a capacidade de utilizá-la em outros setores do conhecimento, como na Física. Em outras palavras, dominar tecnicamente a Matemática não garante a capacidade de utilizá-la para estruturar o pensamento no domínio do mundo físico.

Isso implica que deve haver uma *intenção* didático-pedagógica em preparar os estudantes de Física para fazer uso estruturante da Matemática. Autores de livros didáticos, formuladores de programas

---

[15] Para mais detalhes sobre as habilidades técnicas e estruturantes, ver Pietrocola, 2008, e Karam e Pietrocola, 2009.

curriculares e professores de Física em geral deveriam ter clareza sobre essa necessidade, de forma a não subestimar as dificuldades daí decorrentes. O fato de as habilidades técnicas na Matemática não se converterem em habilidades estruturantes gera obstáculos de natureza didático-epistemológica. Problemas desse tipo têm sido tratados na literatura da didática das Ciências por meio do conceito de *objetivo-obstáculo*.[16] A habilidade estruturante é obstáculo na medida em que, se não adquirida, permanece no nível técnico, impede a plena apropriação do conhecimento físico. Estruturar o pensamento dos estudantes com base nas linguagens que a Matemática oferece passa a ser um objetivo a ser perseguido pela didática da Física.

Em termos das pesquisas contemporâneas, a área de *modelização matemática*[17] oferece trabalhos que servem ao propósito de preparar o pensamento para a habilidade estruturante. Para o contexto do ensino de Física, uma modelização matemática precisa incorporar de forma explícita o domínio empírico, ou seja, envolver atividades experimentais. Uma boa atividade modelizadora deveria necessariamente se preocupar com a passagem dos dados "brutos", contidos num fenômeno, para representá-lo conceitualmente. Nessa direção, Pinheiro *et al.* (2001) e Pinheiro (1996) apresentam propostas de atividades para introduzir os estudantes do ensino básico na prática de modelização matemática de fenômenos naturais por meio de atividades experimentais. Na parte A do item Atividades deste artigo, apresentamos uma dessas atividades de ensino contextualizada para um trabalho em nível pré-universitário. Esse tipo de proposta enfrenta dificuldades para ser implementada no contexto escolar, pois, muitas vezes, esbarra na rigidez dos currículos, na excessiva ênfase colocada no conteúdo a ser transmitido nas disciplinas e na forma tradicional de conceber o ensino de Física neste nível, como sequências de problemas fechados de solução única.

---

[16] Ver Martinand, 1986 e Astolfi, 1994.
[17] Ver Bassanezi, 1994.

CAPÍTULO 4   A matemática como linguagem estruturante do pensamento físico

Outra maneira de abordar a habilidade estruturante é lidar com o papel diferente que uma mesma função matemática desempenha em áreas diferentes da Física. No item *B* da seção Atividades deste capítulo apresentamos um roteiro com problemas físicos nos quais se pede, inicialmente, que sejam resolvidos para depois serem justificadas as soluções obtidas. A atividade foi extraída de um artigo mais amplo sobre o papel da Matemática na resolução de problemas de Karam e Pietrocola, 2009.

Considerações finais

Embora outros seres vivos também se comuniquem, a linguagem criativa, que interpreta, lança ideias, argumenta, é exclusividade dos seres humanos. De posse desse emprego da linguagem, a mente humana ultrapassa o mundo imediatamente acessível à percepção e os limites no espaço e no tempo. Assim, o que nos separa dos demais seres vivos não é a linguagem como forma de comunicação, mas a capacidade que temos de criar um mundo de ideias com o uso da linguagem. O universo de palavras de um ser humano é cerca de dez mil vezes maior do que o de um macaco Rhesus. Essa diferença reflete nossa capacidade de imaginar aquilo que não tocamos, não vemos e não acessamos com nossos órgãos de sentidos, e nos permite construir um rico mundo de ideias.

Nem sempre existe uma correlação direta entre os significados presentes no mundo das ideias e aqueles do mundo real. Neste caso, estamos no domínio exclusivo da pesquisa que move nosso pensamento em direção ao novo. Nessa empreitada, a linguagem deve ser entendida como a forma que temos de estruturar nosso pensamento, visando interpretar os fenômenos do mundo que chamam nossa atenção. A Ciência sofisticou o uso da linguagem, determinando modalidades especiais para cada fase da pesquisa. A linguagem mais interpretativa serve bem aos momentos iniciais, quando os problemas e as dúvidas fazem inevitavelmente parte do processo; a linguagem mais descritiva presta-se bem aos domínios mais estudados e seguros, em que as respostas muitas vezes superam as perguntas inicialmente formuladas; e finalmente, a linguagem matematizada se caracteriza por participar dos momentos em que a Ciência é capaz de transcender uma linguagem de segunda ordem e passar a pensar a partir dos próprios conceitos contidos em sistemas formais. Nessa fase final, exercita-se um tipo de pensamento característico das Ciências. Nele, o pensamento descola-se do mundo imediato e liberta-se para prospectar com segurança os limites do mundo conhecido, atingindo a intimidade da matéria, os confins do Universo, os limites da percepção humana. Bachelard já afirmava que a força da Matemática reside no fato de ela ser "um pensamento seguro de sua linguagem"[18].

Permitir que os estudantes percebam as possibilidades que o pensamento científico adquire por meio da linguagem matemática deveria ser parte dos objetivos da educação científica. Porém deve-se ter clareza de que uma ênfase restrita ao domínio técnico de tal linguagem não é suficiente. É preciso ensinar os estudantes a apreender o mundo por meio das várias linguagens da Ciência, destacando o papel e a função de cada uma delas. Em particular, a Matemática vem se tornando cada vez mais uma linguagem dos vários ramos da Ciência. Assim, seria importante que no ensino da Física fosse contemplado o papel desempenhado pela Matemática na estruturação do pensamento. Sem isso, será difícil que os conhecimentos mais recentes produzidos pela Ciência possam ser objeto de ensino e aprendizagem nas escolas.

Referências bibliográficas

ASTOLFI, J. P. El trabajo didáctico de los obstáculos en el corazón de los aprendizajes científicos, *Enseñanza de las ciencias*, 112(2), p. 206-216, 1994.

BACHELARD, G. 1938, La formation de l'esprit scientifique. Paris: Vrin, 1989.

---

[18] Citado por Paty 1989, pag. 236, nota 17.

BASSANEZI, R. C. A modellagem matemática. *Dynamis Revista tecno-científica* 1 (7). Blumenau: Furb, 1994.

BRONOWSKI, J. Arte e conhecimento, ver, imaginar, criar. São Paulo: Martins Fontes, 1983.

BUNGE, M. Philosophy of Physics. Dordrecht: Reidel, 1973.

BUNGE, M. Treatise on Basic Philosophy, vol. III: The Furniture of the World. Dordrecht: Reidel, 1977.

BUNGE, M. Teoría y realidad. Barcelona: Ariel, 1985.

CARMO, A. B.; CARVALHO, A. M. C. Iniciando os estudantes na matemática da física através de aulas experimentais investigativas. X Encontro de Pesquisa em ensino de Física, Sociedade Brasileira de Física, São Paulo, 2005.

GALILEO, G. *Il Saggiatore*, Roma, Itália, 1623. Disponível em http://it.wikisource.org/wiki/Il_Saggiatore

HALLIDAY, M. A. K.; MARTON, J. R. Writing science: literacy and discursive power. Pittsburgh, Pa: University of Pittsburgh Press, 1993.

JOSHUA, S.; DUPIN, J. J. 1993, Introduction à la didatique des sciences et des mathématiques. Paris: PUF, 1993.

KARAM e PIETROCOLA. Habilidades Técnicas Versus Habilidades Estruturantes: Resolução de Problemas e o Papel da Matemática como Estruturante do Pensamento Físico, *Alexandria Revista de Educação em Ciência e Tecnologia*, v. 2, n. 2, p. 181-205, jul. 2009.

KUHN, T. S. The Copernican Revolution: planetary astronomy in the development of Western thought. Cambridge: Harvard University Press, 1957.

KUHN, T. 1976, Matematical vs experimental tradition in the development of Physical Science, *Journal of Interdisciplinary History*, 7, p. 1-31, 1976.

LEMKE, J. Multiplying Meaning: visual and verbal semiotics in scientific text. In: MARTIN, J.; VEEL, R. (Eds.). *Reading Science*. Londres: Routledge, 1998a.

LEMKE, J. Qualitative research methods for science education. In: FRASER, B.J.; TOBIN, K.G. (Eds.). *International Handbook of Science Education*, v. 2, p. 1175-1189. Kluwer Academic Publishes, 1998b.

LEMKE, J. L. Mathematics in the Middle: Measure, Picture, Gesture, Sign, and Word. In: ANDERSON, M.; SAENZ-LUDLOW, A.; ZELLWEGER, S.; CIFARELLI, V. (Eds.). *Educational Perspectives on Mathematics as Semiosis: From Thinking to Interpreting to Knowing*, pp. 215-234. Ottawa: Legas Publishing, 2002.

MARTINAND, J. L. Enseñanza y a aprendizaje de la modelización. *Enseñanza de las Ciencias*, v. 4, n. 1, p. 45, 1986.

MILLAR, R. *Doing Science: image of science in science education.* Lewes: Falmer editions, 1989.

NEWTON, Isaac. *Óptica*. (trad. André Koch Tores Assis). São Paulo: Edusp, 2002.

PATY, M. *Matière derobée*. Paris: Editions des archives Contemporaines, 1988.

PATY, M. *Einstein Philosophe*. Paris: PUF, 1993.

PATY, M. Conference on the philosophy of Marx Wartofsky, New York, New School University, 5-6 march 1999 (march the 6th) – "The idea of quantity at the origin of the legitimacy of mathematization in physics"

PATY, M. 2000, "Aprofundamento da matemática, alargamento da racionalidade" - Michel Paty in Participação à Homenagem a Professora Maria Laura Mouzinho Leite Lopes, Museu de Astronomia e Ciências Afins ((MAST/CNPq), Rio de Janeiro, 22 mai de 2000))

PIETROCOLA, M. A Matemática Como Estruturante Do Conhecimento Físico. *Caderno Brasileiro de Ensino de Física*, v. 19, n. 1: p. 88-108, ago. 2002

PIETROCOLA, M. Curiosidade e Imaginação - *os caminhos do conhecimento nas Ciências, nas Artes e no Ensino In Inovação no Ensino de Ciências*. CARVALHO, A. M. P. (Ed.). São Paulo: Thomsom, 2003.

PIETROCOLA, M. Linguagem e estruturação no pensamento na ciência e no ensino de ciências. In: PIETROCOLA, M; FREIRE, O. (Eds.). *Filosofia, Ciência e História*. São Paulo: Discurso editorial, 2005.

PIETROCOLA, M. 2008, Mathematics as structural language of physical thought. In: VICENTINI, M.; SASSI, E. (Orgs.). *Connecting Research in Physics Education with Teacher Education*, v, 2, ICPE – book, 2008.

PINHEIRO, T.; PIETROCOLA, M. Modelização de Variáveis: Uma maneira de caracterizar o papel estruturador da matemática no conhecimento científico. In: PIETROCOLA, M. (Ed.). *Ensino de Física: conteúdo, metodologia e epistemologia numa concepção integradora*, p. 23-45. Florianópolis/Brasília: Editora da UFSC/INEP, 2001.

PINHEIRO, T. 1996. Aproximação entre a ciência do aluno na sala de aula da primeira série do segundo grau e a ciência dos cientistas: uma discussão. São Carlos, 1996. Dissertação de Mestrado, CED, Universidade Federal de São Carlos.

REDISH, E. Problem Solving and the use of math in physics courses. Invited talk presented at the conference, World View on Physics Education in 2005: Focusing on Change, Delhi, August 21-26, 2005. To be published in the proceedings,Web acess http://www.eric.ed.gov/ERICDocs/data/ericdocs2/content_storage_01/0000000b/80/33/e7/bf.pdf, in 02 april 2007.

ROTH, W. M. Competent workplace mathematics: How signs become transparent in use. *International Journal of Computers for Mathematical Learning*, 8 (3), p. 161-189, 2003.

RYAN E AIKENHEAD. (1992), tthe development of a new instrument:views on science tecnology and society(VOST)", in Science Education, vol. 76, n5, pp. 477-491.

SELLEY, N. Philosophies of science and their relationship to scientific process and the science curriculum. In: WELLINGTON, J. *Skills and Process in Science Education*. Londres: Routledge, 1989.

SILVA, C. C.; MARTINS, R. A. Polar and axial vectors versus quaternions. *American Journal of Physics*, n. 70, p. 958-63, 2002.

SIMON S. A Adequação de Teorias Matemáticas às teorias Físicas: a teoria da relatividade. In: PIETROCOLA, M.; FREIRE, O. (Eds.). *Filosofia, Ciência e História*. São Paulo: Discurso editorial, 2005.

SUTTON, C. Beliefs about science and beliefs about language, *Internacional Journal of Science Education*, n. 18, v. 1, p. 1-18, 1996.

VIGOSTKI, L.C. *A formação social da mente*. São Paulo: Martins Fontes, 1991.

Atividades

A) Estruturando a compreensão de fenômenos físicos por meio da Matemática[1]

A atividade propõe-se a oferecer situações concretas, cada uma delas a ser acessada por meio de um experimento, e a solicitar que o estudante o interprete por meio de observações e medidas que devem no final ser integradas numa expressão matemática. As situações são escolhidas de modo a exigir um domínio crescente das condições experimentais, das informações tiradas da medida e de funções matemáticas capazes de solucionar o problema pedido.

O público-alvo das atividades são alunos do final do Ensino Fundamental II e início do Ensino Médio. O uso destas atividades com alunos de licenciatura em Física nos últimos sete anos tem oferecido um meio interessante de complementar a discussão teórica feita acima. Ao se colocar no lugar do aluno da educação básica, o futuro professor compreende melhor a potência didática da discussão sobre o uso da linguagem matemática no ensino de Física. Embora a Matemática exigida na atividade seja simples (neste caso, funções de primeiro e segundo graus), o uso estruturante para interpretar situações físicas produz um aprendizado que se projeta por todos os campos de estudo da Física do Ensino Médio.

---

[1] Extraído da dissertação de mestrado de Terezinha Pinheiro. Detalhes sobre as atividades, assim como o conjunto total das atividades, podem ser obtidos em Pinheiro,1996, cap. 4. O trabalho pode ser acessado em http://nupic.incubadora.fapesp.br/.

CAPÍTULO 4   A matemática como linguagem estruturante do pensamento físico

Roteiro – Os chumbinhos

O PROBLEMA:

Temos um conjunto de bolinhas de chumbo que, quando colocadas em uma seringa com água, modificam a altura da coluna de água.

Considerando que a altura da coluna de água corresponde ao acréscimo do volume no interior da seringa, pela colocação de bolinhas de chumbo, será que existe alguma relação entre o número de bolinhas colocadas no recipiente e o volume de água lido?

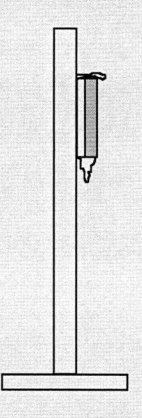

GRANDEZAS: Nº de bolinhas - N (bolinha) e Volume – V (cm³)
Altura h (cm) Volume (cm³) V = A.h
Dado : A (área da seringa) = 1,54 cm²

APOSTA: (apresentá-la também por meio de uma expressão algébrica)
_____
_____
_____

COMO PROCEDER:

1) Colocar água na seringa até atingir a altura de 2 cm.

2) Adicionar o número de bolinhas solicitado na tabela, registrando a altura medida em cada caso.

Nº de bolinhas N (bolinha)	altura h (cm)	Volume V (cm³)
0		
40		
80		
120		
160		
200		

ANÁLISE DOS DADOS:
a) Construir o gráfico V × N.

b) Determinar a inclinação.

c) Escrever a expressão algébrica.

CONCLUSÃO
Questões:
a) Por que utilizamos a seringa com água?

b) A idealização construída sobre o comportamento do volume de água nesta atividade é semelhante às construídas nas atividades anteriores? O que a diferencia das outras?

c) Expresse com suas palavras o modelo explicativo que você construiu sobre o comportamento do volume de água.

d) A expressão algébrica, construída a partir do gráfico, corresponde às expectativas de sua aposta?

e) Para esta atividade, qual o significado da inclinação do gráfico?

f) Com os equipamentos disponíveis para desenvolver esta atividade seria possível determinar o volume assumido pela água quando fossem colocadas 800 bolinhas?

CAPÍTULO 4   A matemática como linguagem estruturante do pensamento físico

g) Cite os limites práticos de validade dessa atividade.

h) O modelo explicativo construído sobre este evento apresenta algum limite de validade?

EXERCÍCIOS:
1) Qual será o volume de um cubo de chumbo, para o qual foram derretidas 20 bolinhas?

2) Determine o volume que será lido na seringa, supondo que colocássemos no seu interior:

   a) 5 bolinhas   b) 220 bolinhas   c) 540 bolinhas

Entendendo a atividade:
MATERIAL:
– suporte universal ou similar (pode-se confeccionar um suporte de madeira; ver esquema anterior no início da atividade);

– corpo de uma seringa descartável de 10 ml, na qual se cola uma tira de papel milimetrado;

– arame ou cordão para prender o corpo da seringa ao suporte, de modo que fique nivelado;

– chumbinhos de caça;

– água.

A atividade com os chumbinhos é realizada após os alunos já terem realizado outros exercícios, nos quais se utilizou, de várias formas, a proporcionalidade direta. Pois esta é a primeira atividade que será orientada para exemplificar uma Variação Linear, ou seja, uma função do 1º grau completa (do tipo y = ax + b). Neste caso, não ocorre a proporcionalidade direta, porém é necessário que o aluno já esteja familiarizado com a construção de gráficos, determinação da relação matemática e determinação da constante por meio da inclinação da reta. A importância desta atividade reside no fato de ela proporcionar o rompimento com a proporcionalidade direta. Nesta atividade, haverá a necessidade de reformulação da relação matemática, de modo que tenha a mesma forma lógica da proposição construída verbalmente.

Para obter as medidas solicitadas, utilizam-se chumbinhos de caça ou pesca e uma seringa de 10 ml, que é fixada em um suporte de madeira para que fique nivelada. Como a escala de volume da seringa não permite leituras satisfatórias, cola-se uma folha de papel milimetrado nela. Desse modo, o aluno mede a altura da coluna de água por meio do papel milimetrado, para depois determinar o volume correspondente a cada altura. Note-se que aqui já se utilizam as noções de proporcionalidade direta para a determinação do volume correspondente à altura da coluna de água.

Inicialmente o aluno coloca uma determinada quantidade de água na seringa (aproximadamente o correspondente a uma altura de 2 cm) e registra este valor na tabela. Em seguida, vai acrescentando a quantidade de chumbinhos indicada e registrando a altura assumida pela coluna de água. Como a área interna da seringa é constante, ele completa a coluna "volume" da tabela fazendo a multiplicação de cada altura pela área da seringa. Assim, ele obtém o valor do volume que a água assume, à medida que as bolinhas são colocadas na seringa.

Ao construir o gráfico V × N, o aluno terá diante de si um gráfico com o seguinte aspecto:

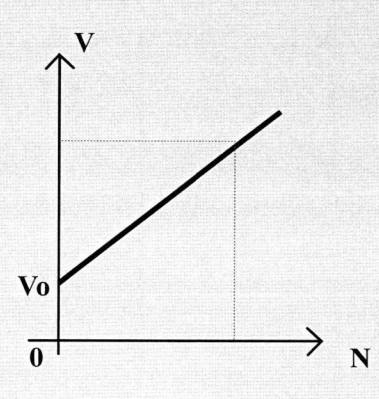

CAPÍTULO 4 A matemática como linguagem estruturante do pensamento físico

Deixa-se os alunos trabalharem sozinhos até o momento da validação/reformulação da "aposta". Ou seja, até o momento da comparação entre a formulação que eles fizeram sobre o evento (geralmente representada por uma relação do tipo V = a.N) e os dados empíricos. Neste momento, fica evidente a necessidade da reformulação da "aposta" para que os valores calculados pela relação matemática, construída a partir dessa aposta, se aproximem dos dados empíricos. Assim, eles perceberão a necessidade de considerar o volume inicial da água para que a relação matemática satisfaça os dados da tabela. Portanto, a relação matemática será do tipo V = a.N + Vo.

Após esta atividade, sistematiza-se o conteúdo referente à Variação Linear, ou seja, à função do 1º grau completa. Nos exercícios de fixação sobre variação linear é interessante incluir um problema envolvendo o preço pago em uma "corrida" de táxi e a distância percorrida.

B) Habilidades técnicas × habilidades estruturantes [2]

PARTE I

Considere os problemas abaixo:
1. Uma força constante de intensidade F = 50N atua sobre um corpo numa direção que forma 60º com seu deslocamento horizontal. Sabendo que o corpo percorre 10 m, determine o trabalho realizado por essa força.
2. Calcule o momento do binário aplicado à barra de 2 m de comprimento conforme o esquema a seguir, considerando positivo o sentido horário.

---
[2] Extraído de Karan e Pietrocola (2009)

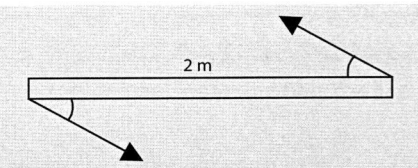

Figura 1: Barra submetida a um binário.
Problema 2. Criado pelos autores.

3 Uma pequena esfera eletrizada com carga q = 3 µC desloca-se com velocidade $|\vec{v}|$ = 300 m/s, cuja direção forma um ângulo de 30° com o vetor campo magnético $|\vec{B}|$ = 5. 10-2 T. w

PERGUNTAS:
– Qual é o módulo da força magnética que agirá sobre a carga?

– Por que as funções trigonométricas (seno e cosseno) aparecem nas fórmulas matemáticas utilizadas na resolução desses três problemas? O que eles têm em comum?

– Quais são os aspectos relevantes para que as funções trigonométricas sejam úteis como estruturas matemáticas para modelizar fenômenos físicos?

– Poderíamos trocar seno por cosseno (ou vice-versa) em cada um dos três problemas? Por quê?

PARTE II

Apesar da relevância das funções trigonométricas no cálculo de projeções de vetores, estas desempenham um papel possivelmente ainda mais importante para a descrição de certos fenômenos físicos. Em seguida, considere três outros problemas:

4. Um corpo de massa m está preso a uma mola de constante elástica k. Ele é deslocado uma distância A de sua posição de equilíbrio

CAPÍTULO 4   A matemática como linguagem estruturante do pensamento físico

e, então, solto. Desprezando a ação de forças dissipativas, determine a posição do corpo em função do tempo.

5. Uma onda transversal progressiva é gerada em uma corda. Conhecendo os valores da amplitude da onda (A), de sua velocidade de propagação (v) e da frequência da fonte (f), escreva uma função que relacione a altura (y) de um determinado ponto da corda em função de sua posição (x) e do instante de tempo (t), ou seja, (y = f (x,t)).

6. Um circuito LC (indutância L e capacitância C) é construído como mostra o esquema da figura. Considerando que a carga inicial no capacitor é Q_o, determine a carga neste em função do tempo.

PERGUNTAS:
Obtenha as funções que representam os fenômenos acima. Em seguida, responda às questões abaixo:

– Por que as funções trigonométricas (seno e cosseno) aparecem nas fórmulas matemáticas utilizadas na resolução desses três problemas? O que eles têm em comum?

– Quais são os aspectos relevantes para que as funções trigonométricas sejam úteis como estruturas matemáticas para modelizar fenômenos físicos?

– Poderíamos trocar seno por cosseno (ou vice-versa) em cada um dos três problemas? Por quê?

CAPÍTULO 5
Abordagens histórico-filosóficas em sala de aula: questões e propostas

Anna Maria Pessoa de Carvalho
Lúcia Helena Sasseron

Já mencionamos em outros momentos deste livro a necessidade, nos dias atuais, considerar o ensino mais do que apenas o trabalho com conceitos e ideias científicas: a escola precisa também ensinar os alunos a perceber os fenômenos da natureza e a examiná-los na busca por explicações, tornando-os capazes de construir suas próprias hipóteses, elaborar suas próprias ideias, organizando-as de modo a construir conhecimento.

Investigar é uma prática adotada pelos cientistas para compreender os fenômenos naturais. Em sala de aula, é possível utilizar a investigação como forma de propiciar e oferecer aos estudantes oportunidades de elaborar estratégias e planos de ação para os problemas do mundo. Com isso, não estamos defendendo a formação de jovens cientistas, nem pregando que se deva considerar a formação dos estudantes para que sejam futuros físicos. Alegamos, tão somente, que o ensino da Física (assim como de quaisquer outras disciplinas do currículo escolar) deve ser capaz de preparar o aluno para além do âmbito escolar, desenvolvendo, na escola, habilidades que lhe permita atuar consciente e racionalmente fora do contexto escolar, estabelecendo julgamentos e opiniões sobre assuntos variados que afetam sua vida.

Isto posto, vale mencionar ainda que não vemos sentido algum em pensar o ensino (e suas estratégias) sem considerar quem são os estudantes, de onde vêm, quais os entornos de suas vidas. Assim, é preciso não desconsiderar o óbvio: hoje o aluno está na escola e ali aprende sobre os conteúdos que a escola julga serem os mais adequados para que ele possa bem viver. E, de fato, com um bom índice de sucesso, a escola oferece condições para tanto. O que passa, no entanto, é que, muito provavelmente, qualquer um de nós viverá muito mais tempo sendo cidadão do que sendo estudante. Sua vida mudará assim como a própria sociedade. Preparar o estudante para viver em sociedade requer, pois, torná-lo apto a saber tomar suas decisões, não importa quais as situações a que esteja submetido.

Daqui advém a pergunta: Qual ensino de Física deve ser planejado e implementado aos estudantes como apoio para que se desenvolvam e tomem decisões *ao longo* de sua vida?

Pleiteando objetivos semelhantes, discutimos anteriormente a possibilidade de desenvolver práticas experimentais em sala de aula por meio da investigação. Neste momento, propomos um trabalho em que se considere o outro lado: abordando a construção realizada por cientistas acerca dos conhecimentos por eles propostos, daremos ênfase aos processos de construção dos conhecimentos físicos levando em conta os contextos histórico, social e cultural em que foram propostos e as especificidades de suporte que estavam, de uma forma ou outra, oferecendo a tais proposições.

Se partimos do pressuposto de que devemos ensinar Ciências fazendo Ciências, criamos a oportunidade de construir entre os estudantes uma visão mais adequada sobre essa área, os cientistas e seu trabalho. Para tanto, não basta conhecer apenas os resultados desse trabalho: é preciso também oferecer condições para que a cultura da Ciência seja conhecida pelos estudantes.

Entre os pesquisadores da área de ensino e aprendizagem de Ciências, muitos fazem parte de estudos que mencionam o potencial do uso de episódios de História das Ciências em sala de aula como forma de abordagem em prol da construção de uma visão mais apro-

CAPÍTULO 5 Abordagens histórico-filosóficas em sala de aula: questões e propostas

priada das Ciências (Solbes e Traver, 2001; Khalick e Lederman, 2000; Forato, 2009; Nascimento, 2004; Martins, 2006; Silva, 2006, entre outros). Diversas também são as atividades da cultura escolar que podem ajudar professores e alunos nessa tarefa, e aquelas que têm por base a utilização de textos de História e da Filosofia das Ciências sempre pareceram aos professores, aos pesquisadores e também aos elaboradores de currículos as que facilitariam e ajudariam os alunos na transposição cultural (Matthews 1991, 1994, 1994a, 1994b; Resende, Lopes e Egg, 2004).

Com uma abordagem de conceitos por meio de textos históricos, é possível levar os estudantes a perceber os acertos e desacertos de um pesquisador, suas conclusões e inconclusões e as bases que fundamentaram e apoiaram a proposição do conhecimento científico tal qual por ele realizada. A adaptação dos textos históricos escritos por historiadores e filósofos, entretanto, assim como os elaborados pelos cientistas, em condições sociais, culturais e científicas muito diferentes das condições que encontramos nas salas de aula, não é uma tarefa ingênua. Para essa transposição, algumas questões deverão ser postas, sendo a principal a seguinte:

> Quais contribuições deste imenso campo do conhecimento – História e Filosofia das Ciências – seriam importantes ou mesmo indispensáveis ao ensino das Ciências?

Essa pergunta se faz muito importante já ao considerarmos a visão de Ciência que pode estar presente na sala de aula. Nesse sentido, diversos autores apontam a impossibilidade de se ter uma visão unitária e simplista de Ciência. Assim, reforça-se a necessidade de abordar as Ciências e suas proposições considerando que o fazer científico é possível por meio de uma pluralidade metodológica. Diretamente associado ao ensino das Ciências, desconsiderar tal pluralidade implicaria impossibilitar a construção de uma visão mais adequada do que seja o processo de construção e proposição dos conhecimentos científicos.

Defendendo a possibilidade de, em sala de aula, desenvolver atividades que permitam aos alunos investigar de maneira científica, Driver *et al.* (1999) apontam que "existem alguns compromissos centrais ligados às práticas científicas e ao conhecimento que têm implicações para o ensino da ciência" (p.32). Eles também apresentam a ideia de que "os objetos da Ciência não são fenômenos da natureza, mas construções desenvolvidas pela comunidade científica para interpretar a natureza" (p. 32), sendo esse conhecimento socialmente negociado.

Alertando-nos não apenas para a pluralidade metodológica, mas também para o fato de que o próprio conceito de "Ciência" não possui uma concepção restrita, ao estudarem as posições apresentadas por filósofos da Ciência e por alguns autores que analisam tais filósofos, Gil *et al.* (2001) e Cachapuz *et al.* (2005) mostraram que também a natureza do trabalho científico é alvo de debates, com divergências manifestadas entre as várias linhas filosóficas. Esses autores procuraram os pontos consensuais entre as diferentes linhas de pensamento histórico-filosófico e indicam-nos algumas direções para que o ensino das Ciências não venha a desenvolver uma visão tendenciosa do trabalho científico.

Assim, respondendo à questão anteriormente proposta, podemos dizer que seria importante, ou mesmo indispensável, ao ensino das Ciências, que, no conjunto das atividades de História e Filosofia das Ciências, planejadas com o objetivo de introduzir os alunos no universo das Ciências, fossem enfocados os quatro seguintes pontos:

- A Ciência é uma construção histórica, humana, viva, e, portanto, caracteriza-se como proposições feitas pelo homem ao interpretar o mundo a partir do seu olhar imerso em seu contexto sócio-histórico-cultural;
- A Ciência produz conhecimentos abertos, sujeitos a mudanças e reformulações;
- A construção destes conhecimentos é guiada por paradigmas que influenciam a observação e a interpretação de certo fenômeno;

CAPÍTULO 5 Abordagens histórico-filosóficas em sala de aula: questões e propostas

- O conhecimento científico não é construído pontualmente, sendo um dos objetivos da Ciência criar interações e relações entre teorias.

A partir desses pontos – considerados por diferentes autores que estudaram as relações entre o ensino e a História e a Filosofia das Ciências –, o problema agora recai na área específica da Didática das Ciências: trata-se agora de considerá-los no planejamento de atividades de ensino, inserindo-os de tal modo que seja possível a professores e alunos debatê-los em sala de aula. Daqui advém uma nova questão.

Quais características devem ter as atividades de História e Filosofia das Ciências, para as aulas do Ensino Médio, de tal forma que deem conta das contribuições consensuais discutidas acima?

Em outras palavras, quais textos históricos ou artigos originais iremos escolher, tendo em vista planejar nossas aulas com a mínima certeza de que estas levarão os alunos a entenderem o processo da construção do conhecimento científico? De que modo uma atividade como essa deve ser encaminhada em sala de aula para que possibilite promover o envolvimento dos alunos na construção de sua visão adequada sobre as Ciências?

Pesquisando a introdução de atividades de História das Ciências em aulas de Física e Química, Solbes e Traver (2001) propuseram que as atividades devem:

- Valorizar adequadamente os processos internos do trabalho científico como: os problemas abordados, a importância dos experimentos, a linguagem científica e suas formas de argumentação; o formalismo matemático; a evolução dos conhecimentos (crises, controvérsias e mudanças internas);
- Valorizar adequadamente aspectos externos como: o caráter coletivo do trabalho científico; as implicações sociais da

Ciência (CTS), e, nós acrescentamos, o relacionamento com as mudanças ambientais (CTSA).

Considerando estes aspectos internos e externos do trabalho científico, encontramos boas referências no que diz respeito à escolha dos textos de História e Filosofia das Ciências a serem selecionados para o Ensino Médio. Nesse sentido, textos originais dos cientistas relatando suas dúvidas, o que realizaram durante sua investigação e como resolveram problemas e mencionando nuances de seu trabalho quase sempre alcançam a grande parte do objetivo de auxiliar a promover uma enculturação científica.

Entretanto, para transformar esses textos em atividades a serem desenvolvidas em salas de aula são necessários ainda alguns cuidados.

O primeiro é o estudo da linguagem apresentada pelos cientistas. Eles foram escritos para comunicar uma descoberta para um interlocutor, quase sempre outro cientista ou mesmo uma sociedade científica. É preciso ter sensibilidade para ver se os alunos entenderão a mensagem.

O segundo cuidado é com a tradução da língua original – quase sempre o inglês – para a nossa língua pátria. A revisão dessa tradução, seja se considerarmos o idioma seja em relação à clareza e à correção conceitual, também merece preocupação.

Por fim, mas não menos importante, é necessário organizar a atividade em si para os estudantes. Consideramos realizá-la por meio de questões que levem os alunos a interagir com os textos. Essas questões não devem ser diretivas, mas relativamente abertas, para permitirem uma leitura e uma intervenção criativa dos alunos. Mesmo abertas, devem enfocar os pontos principais que sustentarão a discussão dos alunos nos pequenos grupos e na interação com o professor. São essas questões que orientarão o olhar dos estudantes e que permitirão emergir, no debate, os valores da Ciência e uma visão do trabalho do cientista tal como apontamos anteriormente.

CAPÍTULO 5 Abordagens histórico-filosóficas em sala de aula: questões e propostas

Condições de implementação das atividades de História e Filosofia das Ciências no ensino de Ciências

Assim como uma única andorinha não faz verão, não será possível promover a enculturação científica entre os estudantes, ajudando-os a compreender de que modo se organiza essa cultura tão diferente da cotidiana, apenas com atividades de História e Filosofia das Ciências.

Apesar de atividades que versem sobre tópicos de História e Filosofia das Ciências serem essenciais ao se pretender enculturar cientificamente os estudantes, é necessário que estas estejam inseridas em sequências de ensino que permitam o trabalho em sala de aula levando em conta os conteúdos conceituais, procedimentais e atitudinais. Defendemos, pois, o uso de outras atividades de orientação construtivista, tais como demonstrações, laboratórios investigativos e resoluções de problemas abertos.

Em todas as sequências de ensino nas quais o enfoque é a construção do conhecimento pelos alunos, o ambiente em sala de aula, para que isso aconteça, deve ser de respeito em relação às ideias dos alunos. Entretanto, mesmo sempre privilegiando as interações entre professor e alunos, e incentivando as argumentações e o debate de ideias, buscando, em consenso, ultrapassar os conflitos semânticos e sociais (Lemke, 1997), o professor não pode perder o seu maior objetivo, que é ensinar. O papel do professor em sala de aula caracteriza-se por ser o de mediador entre as duas culturas e, portanto, com a responsabilidade de ajudar seus alunos a transpor as fronteiras entre a cultura cotidiana e a científica (Carvalho, 2005b).

Estamos considerando, com isso, que os alunos estejam prontos a trabalhar com problemas aos quais sejam apresentados, bem como possam, à medida que o desenvolvimento da investigação ocorre, construir novas questões que sejam, por definição, suas próprias questões. Nesse sentido, há de se ressaltar que sabemos que os estudantes elaboram questões, mas elas não são necessariamente científicas. Infelizmente, vemos em muitos ambientes de sala de aula que, em vez de os alunos aprenderem a elaborar questões científicas, eles simplesmente param de questionar (Grandy e Duschl, 2007). Fazer com que, nas interações em sala de aula, os alunos não só respondam, mas também questionem, e que nesse questionamento apareçam ideias científicas é a grande meta do ensino de Ciências.

Em particular para as aplicações das atividades de História e Filosofia das Ciências, é necessário prever três situações de aprendizagem no planejamento das aulas: primeiramente uma leitura individual, na qual o estudante interaja com o texto – essa situação pode acontecer na própria aula, se o texto escolhido for pequeno, ou como trabalho para casa.

Retoma-se o texto em uma discussão em pequenos grupos, visando uma interação entre pares em que a discussão é mais aberta e os alunos podem expor com mais liberdade suas ideias, refutadas ou aceitas pelos colegas. É o início da aprendizagem de uma importante habilidade científica: a argumentação com base em fatos retirados de textos teóricos.

Imediatamente após a discussão, os pequenos grupos são desfeitos e organiza-se um grande grupo, planejando uma interação professor-alunos e não professor-grupo – isso é importante para que o aluno, cuja argumentação não foi aceita pelo grupo de colegas, tenha a liberdade de expor novamente suas ideias e seu raciocínio para o professor. Agora o professor interage e sistematiza as argumentações trazidas pelos alunos das discussões em grupos menores, buscando tanto verter a linguagem cotidiana para a científica como valorizar os aspectos internos e externos da cultura científica.

É importante que a atividade termine com um trabalho escrito. Temos também de ensinar a escrever cientificamente. Essa é outra etapa da enculturação científica que se deve trabalhar no ensino. A escrita é um instrumento de aprendizagem que requer mais esforço do aluno por ser convergente e centrado, muito diferente das argumentações orais, que são flexíveis, posto que as ideias são exploradas coletivamente. A escrita é uma atividade que complementa as argumentações realizadas em aula, e ambas são fundamentais para um ensino de Ciências que busca criar nos alunos as principais habilidades do mundo das Ciências.

Exemplos de atividades já testadas no ensino de Física em nível médio[1]

Apresentaremos agora alguns exemplos de atividades que se utilizaram de tópicos de História e Filosofia das Ciências para discutir com os alunos do Ensino Médio sobre nuances da construção do conhecimento científico e as relações e interações que perpassam sua proposição. Ressaltaremos alguns aspectos do ensino e da aprendizagem quando introduzimos textos de História e Filosofia das Ciências nas aulas do Ensino Médio. Revisitando os dados encontrados, em uma releitura destes trabalhos, temos hoje dados empíricos retirados no ensino de Física de escolas médias que nos levam a defender a seguinte tese:

> se as atividades (os textos escolhidos) abrangerem pelo menos alguns dos pontos entre os valores internos e externos das Ciências, e se as aulas forem dadas obedecendo aos pressupostos metodológicos apresentados acima, elas proporcionarão aos alunos discussões sobre o que é Ciência e como o conhecimento científico é produzido.

1. **O uso de texto original de cientista em sala de aula: olhando para os processos internos do trabalho científico**

A situação que apresentamos a seguir fez parte de uma sequência de aulas sobre Termodinâmica ocorrida em uma turma de primeiro ano do Ensino Médio.

---

[1] Esses exemplos foram analisados em dissertações de mestrado apresentadas e defendidas na Faculdade de Educação da USP: Vannucchi (1996) e Nascimento (2003).

A partir de um texto original de Rumford (traduzido para o português – ver anexo 1), os alunos puderam acompanhar a descrição que o cientista realiza sobre sua experiência com a perfuração de canhões, explicitando suas dúvidas a respeito da natureza do calor (Maggie, 1935, p. 151-2 e 160-1). Estas dúvidas aparecem em questionamentos que o próprio Rumford destaca em seu texto, como, por exemplo: "de onde vem o calor produzido na operação mencionada?".

É possível, na exploração de tais questionamentos, identificar a construção histórica do conceito de calor, expondo os problemas que geraram crises em relação ao conceito aceito na época (neste caso, o aquecimento por atrito) e uma posterior ruptura com este conceito.

O texto foi apresentado aos estudantes após uma demonstração investigativa (Carvalho *et al.*, 1999) com a qual se discutia a condução de calor nos sólidos. O professor então levanta a seguinte questão aos estudantes: "Como podemos explicar a propagação de calor que é observada na experiência de demonstração?". Depois de colocada a questão, os alunos trabalham em grupo para discutir o problema.

Olhando alguns momentos de sala de aula

Nos trechos seguintes destacados, os alunos estão em grupo respondendo a questões que se seguiram à leitura e discussão do texto de Rumford.

---

[2] Para mantermos em sigilo os nomes dos estudantes, usaremos A1, A2, A3, e assim por diante, para identificá-los. O professor foi representado com a letra P. Assim, apresentamos os turnos de fala e os colocamos em tabelas. A coluna da esquerda mostra o número do turno e a da direita, a transcrição da fala.

CAPÍTULO 5 Abordagens histórico-filosóficas em sala de aula: questões e propostas

TURNO	FALAS TRANSCRITAS
61	A1[1]: É... Pode o calor ser gerado por...
62	A3 [interrompendo A1]: O calor é uma substância? Coloca aí.
63	A3: E o que é o calor? Já que é o calor, ele queria saber o que é o calor.
64	A1: Ele pensava que o calor era uma substância, ele queria saber o que é o calor, porque ele descobriu que o calor não é uma substância.
65	A3: Coloca aí, o calor é uma substância?
66	A3: É uma substância?
67	A2: O calor é uma substância?

Por estes trechos, podemos perceber que no turno 64, A1 afirma que a opção de Rumford, até então aceita, já não é mais suficiente para explicar suas observações, colocando em voga os problemas que levaram o cientista a questionar sobre o conhecimento até então aceito. O A1 deixa claro, em fala exposta no turno 64, que Rumford rompe com a ideia de que o calor é uma substância. "[...] porque ele descobriu que o calor não é uma substância".

Uma característica interessante dos processos internos do trabalho científico mencionados por Solbes e Traver (2001) é mencionada pelos estudantes neste pequeno momento da discussão: a conversa traz-nos fortes evidências de que eles perceberam as crises e controvérsias que cercavam Rumford durante a proposição de suas ideias.

A importância deste episódio reside no fato de que a percepção de tal controvérsia pelo cientista possibilita aos alunos entender também a Ciência como um conhecimento aberto, sujeito a reformulações e mudanças.

Na continuidade da atividade, temos outro trecho interessante de falas:

TURNO	FALAS TRANSCRITAS
73	P: A3, o que ele fez aí embaixo? [referindo-se ao final do texto] Quais as experiências que ele fez, que ele descreve nesta parte? Que vocês estavam lendo?
74	A3: Que ele descobriu o calor?
75	A1: Ele queria saber daonde vinha o... calor, pois ele queria saber daonde vinha... Aí ele fez essa experiência, é do atri... do pedaço de metal embaixo d'água pra saber daonde vinha, mas como a peça estava fria e a água também estava fria, a água, ele não achou uma explicação, mas ele descobriu que o atrito gerava o calor, não da água e nem do metal, mas ele gerava calor.
76	P: Não podia ser do ar, mas... (inaudível)
77	A3: É [concordando]
78	A1: Vou ler as respostas que a gente colocou aqui... Quais as dúvidas que ele tinha sobre a natureza do calor? Eu pus assim, ó: "Poderia o calor ser gerado por um material frio? E o que é o calor... As dúvidas que ele teve e a dúvida de como o trabalho dele mostra, levam ele a discordar. É que se o calor é uma substância, porque ele pode ser gerado por corpos frios, através do atrito. E não precisa de um material quente para existir".

    Questionados pelo professor, os alunos deste grupo apresentam novamente as crises enfrentadas por Rumford em sua tentativa de explicar o que vem a ser o calor e, além disso, começam a mencionar nuances do trabalho experimental tal qual está descrito no texto que leram. O enfoque mais uma vez dado pelos estudantes às dúvidas de Rumford é o que dá início ao questionamento sobre a formulação de um novo modelo para a natureza do calor, deixando explícito que a Ciência é comparada a algo vivo, dinâmico, por isso também está relacionada às crises e rupturas.

    Neste trecho de aula, duas características dos processos internos do trabalho científico aparecem de maneira clara na fala dos estu-

CAPÍTULO 5 Abordagens histórico-filosóficas em sala de aula: questões e propostas

dantes: a percepção de que ocorre uma evolução dos conhecimentos, cerceada, muitas vezes, por crises e controvérsias enfrentadas pelo cientista; e também, ao comentarem o trabalho experimentado, a valorização da importância deste procedimento para a construção de um conhecimento.

Ao final desta mesma aula, os grupos foram convidados a produzir um texto escrito em que comentassem o trabalho de Rumford.

> O que fazia com que uma peça metálica adquirisse calor em pequeno tempo sendo perfurada? De onde vinha este calor? O que é calor? Há alguma coisa como um fluido ígneo? Foi ele fornecido pelo ar? Foi ele fornecido pela água que envolve o maquinário? A dúvida dele era: Como existia o calor, por que o metal ficava quente ao ser perfurado. (Grupo 1)

> Rumford tinha o conceito de que o corpo com maior temperatura transmitia sua temperatura para um corpo de menor temperatura, só que ele observando a perfuração do canhão surgiu a dúvida. (Grupo 2)

> O calor é uma substância? Ele queria saber o que era o calor. (Grupo 8)

Embora bastante diferentes entre si, cada um desses textos nos traz informações importantes que reforçam a possibilidade do uso de textos originais de História da Ciência em sala de aula com o objetivo não só de se discutir com os alunos os conceitos científicos, como também construir uma visão de Ciência mais adequada.

Vemos, por exemplo, que os grupos 1 e 2 destacam perguntas do próprio Rumford, além de mencionar o trabalho experimental por ele realizado. Assim, encontramos evidências de que os alunos reconhecem a ruptura de um modelo anteriormente aceito para um novo, contrapondo-se a uma visão rígida e também linear da Ciência.

Já os alunos do grupo 8 foram bem mais sucintos em seu texto e, mesmo assim, fica explícita a valorização dada à pergunta como forma por meio da qual o fenômeno passa a ser investigado, e as ideias organizadas, a fim de permitirem a compreensão do que ocorre.

Assim, nesse pequeno exemplo do uso de texto original de cientista em sala de aula, tanto pelos turnos de fala, quanto pelos textos escritos, podemos dizer que os alunos tiveram a oportunidade de acompanhar e discutir um conceito científico levando em consideração não apenas o saber, mas também a construção humana, os acertos e desacertos deste caminho, até a proposição do conhecimento.

Há ainda indícios de que eles se encontram mais envolvidos com os conceitos quando buscam explicações para as questões colocadas pelo professor, pois vemos nas falas apresentadas e em outras análises (Nascimento, 2003 e 2004), que, mesmo sem a presença constante do professor, cada grupo continua envolvido com a tarefa.

É importante ressaltarmos o papel do professor nessa atividade, atuando como mediador, fazendo questões, valorizando o trabalho em grupo, tirando as dúvidas dos estudantes, discutindo com eles.

2. **O uso de texto retratando um episódio científico: olhando para os processos internos e externos do trabalho científico**

Os episódios que apresentaremos a seguir ocorreram em sala de aula do segundo ano do Ensino Médio. A intenção da proposta era tratar das estreitas relações entre Ciência e Tecnologia e, para tanto, o episódio histórico escolhido foi o aperfeiçoamento da luneta por Galileu Galilei, no século XVII.

Como o exemplo anterior, essa atividade também ocorreu com a leitura de um texto, e os episódios de ensino que apresentaremos retratam o trabalho em grupo dos estudantes para a discussão das questões propostas na atividade.

O texto lido nesta ocasião não é um original, mas sim um diálogo recriado por Stilman Drake (1983), travado entre contemporâneos imaginários de Galileu (ver anexo 2).

CAPÍTULO 5 Abordagens histórico-filosóficas em sala de aula: questões e propostas

Olhando alguns momentos em sala de aula

Selecionamos alguns trechos em que ocorre uma discussão entre a professora e a turma toda. Antes disso, os alunos já haviam se reunido em grupo respondendo às questões que se seguiram à leitura do material sobre o aperfeiçoamento da luneta.

FALAS TRANSCRITAS[3]
P: Então, o problema que Galileu encontrou foi um problema de ordem tecnológica, técnico. Ele tinha que polir lentes, mesmo sem saber por que as lentes tinham essas propriedades. Galileu não sabia, e nem ninguém na época, explicar por que as lentes funcionavam, certo? E aí a gente pode distinguir muito bem o que é técnica e Ciência. Porque a Ciência é, ela exige que você saiba a explicação das causas, dos porquês. Se Galileu tivesse feito Ciência no caso do episódio do telescópio, ele saberia – ou deveria ter sabido explicar – como e por que as lentes funcionavam, coisa que nem ele, nem ninguém na época sabiam dizer. Mesmo sem ter este conhecimento, ele aperfeiçoou o instrumento, poliu as lentes e obteve resultados cada vez melhores. Então o problema que Galileu teve que enfrentar foi um problema tecnológico e não científico, tá?
CA: Mas a falta de conhecimento não é um problema científico? Não tinha como saber fazer, não era um... não tinha aprofundado um conhecimento científico, como fazer aquilo, não é?
P: Mas é um problema técnico. Ele teria que ter um instrumento para polir a lente, que era um problema muito mais prático, muito mais técnico do que saber explicar as causas e os porquês. O problema científico, no caso, é saber explicar por que as lentes aumentam os objetos de tamanho. Ele não estava nem interessado em responder essa pergunta.
MA: Só que, por exemplo, se ele tivesse o conhecimento científico das lentes, aí, na primeira vez que ele fosse fazer as lentes, ele faria a concavidade...

---

[3] Como no exemplo anterior, para mantermos em sigilo o nome dos estudantes, usaremos as iniciais de seus nomes para identificá-los. O professor foi identificado com a letra P.

> **FALAS TRANSCRITAS**
>
> P: Exatamente. Essa é uma questão importante: o que é conhecimento científico? Porque se ele tivesse o conhecimento científico, ele saberia prever, ele anteciparia o resultado. Coisa que ele não sabia, certo? Então o conhecimento científico, ele envolve, além de uma explicação, uma previsão.
>
> GE: Mas a partir do momento que ele foi tentando e chegou à conclusão que deixando uma lente curva ela teria efeito, já seria o conhecimento científico.
>
> P: Não seria conhecimento científico porque ele não sabia explicar o porquê de a lente curva produzir aquele resultado. Por que a lente plana não produzia e a lente curva produzia? Ele sabia, da observação, que a lente curva tinha um resultado melhor que o da lente plana (que não tinha resultado nenhum). Isso é uma observação, certo? Cadê a explicação? Por quê? Ele não sabia responder.
>
> AN: Então não é só tecnológico. Eu acho que aí tem os dois relacionados. Tanto tecnológico quanto científico. Aí não dá pra distinguir se é um dos dois.

Esta discussão é bastante rica do ponto de vista da construção de uma visão mais adequada da Ciência e do trabalho do cientista. Embora a distinção entre o que seja conhecimento científico e o que sejam técnica e tecnologia ainda permaneça, neste momento, um tanto confusa entre os estudantes, o debate das ideias permite que características do trabalho científico sejam colocadas em evidência. Nesse sentido, vemos a professora colocando ênfase nos problemas abordados: quais são eles, neste episódio, e o que eles representam para o trabalho de Galileu?

Como Solbes e Traver (2001) haviam indicado, este é um importante processo interno do trabalho científico que pode ser desenvolvido em sala de aula. Além disso, outro destes processos internos já aparece, ainda que de modo incipiente: a evolução dos saberes científicos deflagrada por crises, neste caso, geradas pela insuficiência do conhecimento que já se possui.

Em outro momento da mesma aula, a turma continua o debate acerca do que seja Ciência e Tecnologia.

CAPÍTULO 5 Abordagens histórico-filosóficas em sala de aula: questões e propostas

FALAS TRANSCRITAS
BE: No caso da luneta, a Tecnologia precede a Ciência. No entanto, nossa resposta não está de acordo sobre o desenvolvimento científico e tecnológico. Mas concluímos que uma depende da outra.
P: Sua resposta "não está de acordo sobre o desenvolvimento científico e tecnológico"?
AN: Não. Não está de acordo com o que a gente pensava antes.
P: Ah! Antes... Por quê? Vocês pensavam o quê, antes?
AN: Que a Ciência vinha antes da Tecnologia.
P: Tá.
AN: Quer dizer, nem sempre.
P: Nem sempre antes. Às vezes vem antes, às vezes, não. No caso, por exemplo, da bomba atômica: a bomba atômica foi um desenvolvimento tecnológico, só que para se fabricar a bomba atômica teve que se acumular durante séculos um conhecimento sobre a estrutura do átomo. Então teve que ter conhecimento científico antes para depois ter Tecnologia.
BE: Assim, no caso do átomo, professora, mas antes de descobrir o átomo, teve o microscópio também, que não sabiam explicar como funciona.

Aqui, merece destaque a fala do aluno AN: suas afirmações deixam claro seu reconhecimento: em certos eventos, o conhecimento científico pode dar origem à Tecnologia, e, também, pode haver casos em que a Tecnologia proporciona que se construam novos conhecimentos científicos.

O que torna esse fato digno de nota é a abordagem de que existe uma pluralidade metodológica na proposição de saberes sobre o mundo natural e que, portanto, a Ciência não é construída por meio de um método científico único e infalível.

Em seguida, na discussão em um dos grupos sobre os motivos que teriam levado Galileu a aperfeiçoar a luneta, temos o seguinte trecho:

FALAS TRANSCRITAS
MA: O que você acha, CLA?
CLA: O quê?
MA: Por que ele queria aperfeiçoar?
CLA: Lê o texto! Por causa das batalhas.
GI: Para vender. Que nem ele falou que...
MA: Pra ajudar o país dele.
CLA: Não vender. Ele queria ajudar o país dele. Vender...
MA: Ele dobrou o salário.
CLA: Ele dobrar o salário foi uma consequência.

Nesse pequeno episódio, percebemos os alunos começando a mencionar características que remontam a processos externos do trabalho científico, conforme apontados por Solbes e Traver (2001): as implicações sociais ligadas ao desenvolvimento de conhecimento científico e/ou tecnológico.

Vale ainda ressaltar que a discussão acerca dos motivos que impulsionaram o trabalho de Galileu colabora para que se construa, entre os estudantes, uma visão do cientista como um ser humano tal como qualquer outro, ou seja, cercado de preocupações cotidianas que, de uma maneira ou de outra, exercem influência sobre o trabalho que realiza.

Por fim, um último episódio dessa discussão merece ser mencionado aqui. Trata-se de um momento em que a sala toda discute uma das questões que foram respondidas ao término da leitura.

CAPÍTULO 5 Abordagens histórico-filosóficas em sala de aula: questões e propostas

FALAS TRANSCRITAS
P: Então a terceira questão: "Por que motivos, afinal, os estudiosos do início do século XVII foram contrários às observações celestes pelo telescópio?". Quem responde essa questão?
LU: Porque eles acreditavam que, se eles dessem razão ao que o telescópio viu, né, Júpiter e seus satélites, eles teriam que dar razão também que, como Júpiter... O telescópio viu que como Júpiter girava em torno do Sol, então eles teriam que acreditar também que a Terra poderia fazer esse mesmo contorno. Então teria que mudar tudo, né? A crença que eles tinham de que a Terra era o centro do universo. Então teria que mudar e dar razão que quem era o centro do universo era o Sol e não a Terra. Então teria que mudar tudo. Então acho que eles estavam com preguiça de pensar [risadas] e não queriam mudar tudo.
MI: Mas no fundo eles acreditavam.
LU: Eu acredito que eles podiam até acreditar, mas eles preferiram não acreditar, não dar razão, pra não ter que mudar tudo.
P: Então vocês acham que eles acreditavam no telescópio?
[discussão entre os alunos]
SA: Eles não queriam discutir. Ia complicar, ia ter muita discussão em cima disso.
P: Eles podiam até mudar algumas crenças.
SA: Ia ter muita polêmica.

A fala da aluna LU, nesse episódio, destaca um ponto muito importante na construção de uma visão mais adequada da Ciência: ela começa a explicitar a influência que um novo conhecimento pode representar para a sociedade. Esse é um dos aspectos do processo externo do trabalho científico que Solbes e Traver (2001) mencionam como necessários de se valorizar em sala de aula. Além disso, em sua fala, percebemos que LU já apresenta uma visão de que a Ciência é uma construção humana e, portanto, dependente dos contextos social, histórico e cultural nos quais o conhecimento é proposto.

No mesmo sentido, a aluna SA explicita a compreensão de que a construção do conhecimento científico é guiada por paradigmas e crenças que influenciam a observação e a interpretação dos fatos.

É claro que estes são episódios isolados de uma aula, mas demonstram que a discussão do texto, com base nas questões previamente elaboradas com tal objetivo, suscitam conversas em que os alunos demonstram terem construído uma visão de ciência como uma construção humana, sujeita a modificações e reformulações, já que está ligada à sociedade, influenciando-a e sendo por ela influenciada.

Algumas conclusões a partir de nossos trabalhos em sala de aula

Como dissemos, os dados dos trabalhos de pesquisa aqui discutidos (Vannucchi, 1996 e Nascimento, 2003) foram retirados de escolas públicas em condições de ensino adversas: em que a ausência dos estudantes às aulas era considerada normal, e as próprias aulas eram repetidamente suspensas pela direção por motivos fúteis. Vale mencionar ainda que as turmas eram formadas por mais de 40 alunos.

Nessas condições, a princípio tão desfavoráveis, conseguimos bons resultados, o que pode ser vislumbrado com os trechos de aula que apresentamos. Esse fato leva-nos a afirmar que podemos, sim, confirmar nossa tese: *se as atividades (os textos escolhidos) abrangerem pelo menos alguns dos pontos entre os valores internos e externos das ciências, e se as aulas forem dadas obedecendo aos pressupostos metodológicos de um ensino por investigação, elas proporcionarão aos alunos discussões sobre o que é ciência e como o conhecimento científico é produzido.*

E mais. As discussões que partem da leitura do texto tentam situar a ciência como uma construção histórica, sujeita a refutações e modificações, por meio do seu processo de construção, o que deixa de lado uma ideia de que a ciência está fechada, pronta, a problemática e a histórica.

Com base nos episódios apresentados, encontramos exemplos da possibilidade de ensinar como se dá o processo de construção do conceito, relacionando-o diretamente com o ensino do próprio con-

CAPÍTULO 5 Abordagens histórico-filosóficas em sala de aula: questões e propostas

ceito. No caso da atividade com o texto de Rumford, foram geradas discussões sobre os modelos de calor (previamente estudados pelos alunos), o que abriu um caminho para o ensino do próprio conceito. Já com a atividade do texto de Drake, reconstruindo momentos do trabalho de Galileu que culminam na proposição de um universo heliocêntrico, foi possível levar para a sala de aula discussões que mostraram a relação altamente intrínseca e complexa existente entre a Ciência, a Tecnologia e a Sociedade, permitindo que fossem criadas oportunidades para um debate acerca dos motivos, das necessidades e dos entornos que cerceiam e fomentam a atividade dos cientistas; ao mesmo tempo, conceitos de gravitação e de ótica (explicitados pelos alunos em suas colocações sobre os modelos de universo e sobre o aperfeiçoamento da luneta por Galileu) entraram em cena, criando-se oportunidades para que fossem discutidos naqueles momentos e/ou retomados com mais rigor e atenção em aulas subsequentes.

Com base nas discussões explicitadas, resta, pois, comentar a necessidade de se oferecer atenção e sensibilidade para que as abordagens de ensino, com ênfase em tópicos de História e Filosofia da Ciência, sejam encaradas como uma forma a mais de trabalhar um conceito em sala de aula, oferecendo, ao mesmo tempo, a oportunidade de desenvolver entre os estudantes visões e compreensões mais adequadas do que seja a atividade científica.

Referências bibliográficas

CACHAPUZ, A. et al. *A Necessária Renovação do Ensino de Ciências*. São Paulo: Cortez, 263 p., 2005.

CAPECCHI, M. C. M.; CARVALHO A. M. P. Atividades de Laboratório como Instrumentos para a Abordagem de Aspectos da Cultura Científica em sala de aula, *Por-Posições*, v. 17, n. 1 (49), p. 137-153, 2006.

CARVALHO, A. M. P. Introduzindo os Alunos no Universo das Ciências. In: WERTHEIN, J.; CUNHA, C. *Educação científica e Desenvolvimento: o que pensam os cientistas*. Unesco, 232 p., 2005.

CARVALHO A. M. P. A Pesquisa em Sala de Aula e a Formação de Professores, *Atas do ENPEC*, Encontro Nacional de Ensino de Ciências, Bauru, 2005b.

CARVALHO, A. M. P.; SANTOS, E. I.; AZEVEDO, M. C. P.; DATE, M. P. S.; FUSII, S. R. S.; NASCIMENTO, V. B. *Termodinâmica: um Ensino por Investigação*. São Paulo: FEUSP, 1999.

CARVALHO, A. M. P; VANNUCCHI, A. I. History, Philosophy and Science Teaching: some answers to "how?", *Science & Education*, 9, p. 427-448, 2000.

CARVALHO, A. M. P.; VANNUCCHI, A. I. La Formacion de Profesores y Los Enfoques de Ciencia, Tecnologia y Sociedad. *Revista Pensamento Educativo*, Facultad de Educación de la Pontifícia Universidad Católica de Chile, v. 24, p. 181-199, jul. 1999,

CARVALHO, A. M. P.; VANNUCCHI, A. I. História e Filosofia da Ciência: Teoria e Sala de Aula. *Proceeding - VI Inter-American Conference on Physics Education*. La Falda, Córdoba, p. 197-205, 1997.

CARVALHO A. M. P; CASTRO R. S. La historia de la ciencia como herramienta para la enseñanza de la fisica en secundaria: un ejemplo en calor y temperatura. *Enseñanza de las Ciencias*, Barcelona, v. 10, n. 3, p. 289-294, 1992.

CASTRO, R. S. *História E Epistemologia Da Ciência; Investigando Suas Contribuições Num Curso De Física de Segundo Grau*. São Paulo, 1993. Dissertação de Mestrado, IF, Faculdade de Educação da Universidade de São Paulo.

CASTRO, R. S.; CARVALHO, A. M. P. História da Ciência: Investigando como usá-la num curso de segundo grau. *Cadernos Catarinenses de Ensino de Física*, v. 9, n. 3, p. 225-37, Florianópolis, 1992.

CASTRO, R. S.; CARVALHO, A. M. P. The Historic Approach in Teaching: Analysis of an Experience, *Science & Education*, v. 4, n. 1, p. 65-85, 1995.

DRAKE, S. *Telescopes, tides and tatics: a Galilean dialogue about the starrymessenger and systems of the world*. Chicago: The University of Chicago Press, 1983.

DRIVER, R.; NEWTON, P. *Estabelecendo Normas de Argumentação Científica em Sala de Aula*. Conferência ESERA, Roma, 1997.

DRIVER, R.; ASOKO, H.; LEACH, J.; MORTIMER, E.; SCOTT, P. Construindo o conhecimento científico na sala de aula. *Química na Nova Escola*, n. 9, p. 31-40, 1999.

FRASER, B. Y.; TOBIN K.G. (Eds.). *International Handbook of Science Education*. London: Academic Publishers, 1998.

GABEL, D. L. (Ed.) *Handbook of Research on Science Teaching and Learning*. New York: MacMillan, 1994.

GIL, D.; FERNANDEZ, I; CARRASCOSA, J.; CACHAPUZ, A.; PRAIA, J. Por uma imagem não deformada do trabalho científico. *Ciências & Educação*, v. 7, n. 2, p. 125-153, 2001.

GRANDY, R.; DUSCHL, R. A. Reconsidering the Character and Role of Inquiry in School Science: Analysis of a Conference. *Science & Education*, 16, p. 141-166, 2007.

JIMÉNEZ ALEIXANDRE, M. P. A argumentação sobre questões sócio-científicas: processos de construção e justificação do conhecimento na aula. *Atas do Encontro Nacional de Pesquisa em Ensino de Ciências*. Bauru, Abrapec, 2005.

LEMKE, J. *Aprender a hablar ciencia: lenguaje, aprendizaje y valores*. Barcelona Paidós, 1997.

MAGGIE, W. F. *A Source Book on Physics*. New York e Londres: McGraw-Hill Book Company, 1935.

MATTHEWS, M. R. Un lugar para la historia y la filosofía en la enseñanza de las Ciencias. *Comunicación, Lenguaje y Educación*, p. 11-12, 141-155, 1991.

MATTHEWS, M. R. *Science Teaching. The role of History and Philosophy of Science*. Londres: Routledge, 1994.

MATTHEWS, M. R. Historia, Filosofia y Enseñanza de las Ciencias: la aproximacion actual. *Enseñanza de las Ciencias*, v. 12, p. 255-277, 1994a.

MATTHEWS, M. R. Vino viejo en botellas nuevas: un problema con la epistemología constructivista. *Enseñanza de las Ciencias*, v. 12, n. 1, p. 79-88[8], 1994b.

NASCIMENTO V. B. *Visões de Ciências e Ensino por Investigação*. São Paulo, 2003. Dissertação de Mestrado, Universidade de São Paulo.

NASCIMENTO V. B. A Natureza do Conhecimento Científico e o Ensino de Ciências. In: CARVALHO, A. M. P. *Ensino de Ciências: Unindo a Pesquisa e a Prática*. São Paulo: Pioneira Thomson Learning, 2004.

RESENDE, F.; LOPES, A. M. A.; EGG, J. M. Identificação de problemas do currículo, do ensino e da aprendizagem de Física e de Matemática a partir do discurso de professores. *Revista Ciência & Educação*, 10 (2), p.185, 1996.

SILVA, C. C. (Org.). *Estudos de História e Filosofia das Ciências: subsídios para aplicação no esnino*. São Paulo: Editora Livraria da Física, 2006.

SOLBES, J.; TRAVER, M. Resultados Obtenidos Introduciendo Historia de la Ciencia en las Clases de Física y Química: Mejora de la Imagen de la Ciencia y Desarrollo de Actitudes Positivas. *Enseñanza de las Ciências*, 19(1), p. 151-162, 2001.

SUTTON, C. New Perspectives on Language in Science. In: FRASER, B. F.; TOBIN, K. G. *International Handbook of Science Education*. Boston: Kluwer Academic Publishers, p. 27-38, 1998.

VANNUCCHI, A. I. *História e Filosofia das Ciências – da teoria para sala de aula*. São Paulo, 1996. Dissertação de Mestrado, IF, Faculdade de Educação da Universidade de São Paulo.

VANNUCCHI, A. I.; CARVALHO, A. M. P. Discussão ciência-tecnologia em sala de aula. In: V Encontro de Pesquisa em Ensino de Física, Águas de Lindóia. *Atas do V EPEF*. SBF – Sociedade Brasileira de Física, p. 245-251, 1997.

Preparando-se para o trabalho como professor

Para colocar em prática algumas discussões, sugerimos que você construa estratégias para duas atividades sobre os temas da História e da Filosofia da Ciência em suas aulas para estudantes do Ensino Médio.

1. Atividade com texto original de cientista

Tragam para a sala de aula um texto original de um cientista. (Lembre-se das recomendações mencionadas acima: deve-se ter cuidado com a linguagem apresentada pelos cientistas a fim de perceber se os alunos conseguirão compreender o que estava enunciado ali; também deve-se estar atento para a tradução: a correção conceitual e a clareza com o idioma devem estar adequadas).

CAPÍTULO 5 Abordagens histórico-filosóficas em sala de aula: questões e propostas

Quais aspectos internos e externos do trabalho científico aparecem no texto deste cientista?

Formule questões que leve os estudantes do Ensino Médio a perceberem estes aspectos explicitados no texto original.

2. Análise de um livro didático

Escolha um livro didático de Física para o Ensino Médio. Como aspectos da História e Filosofia da Ciência aparecem neste exemplar?

Aspectos internos e externos do trabalho científico aparecem nesses episódios?

O texto do livro faz menções às relações entre Ciência, Tecnologia e Sociedade? Em caso positivo, de que modo elas aparecem? Em caso negativo, como elas poderiam ser exploradas?

Anexo 1 – Atividade com texto original: Rumford

Benjamim Thompson, Conde Rumford, nasceu em Rumford, hoje Concord, New Hampshire, em 26 de março de 1753. As circunstâncias de sua infância foram tais que teve pouca educação sistemática. Na eclosão da Revolução americana, serviu por pouco tempo no exército americano, mas ofendido por desrespeito e talvez influenciado por princípios políticos, assim que deixou o serviço, navegou para a Inglaterra. Lá travou relações com Lorde George Sackville, seu patrocinador, que lhe deu oportunidade de pesquisar Ciência. Ele retornou para a América, por pouco tempo, no Serviço Britânico, e, após a conclusão da paz, foi para a Alemanha, a fim de servir na guerra contra os turcos. A família Real da Baváriia recebeu-o, empregando-o em vários serviços, com destaque para o cargo de Ministro da Guerra. Deram-lhe o título de Conde Rumford. Ele permaneceu trabalhando na Baváriia, exceto por um pequeno intervalo de tempo, até 1799. Então foi para Paris, onde viveu solitário em Auteuil até sua morte em 21 de agosto de 1814.

Os trechos que seguem foram tirados do *Collected Work's* (trabalhos recolhidos) de Rumford, com várias edições publicadas. O primeiro deles, que trata da propagação de calor nos fluidos, no qual Rumford descreve sua descoberta da convecção de calor, é tirado do volume 11, ensaio 11 (VII).

No decorrer de um conjunto de experimentos sobre a transmissão de calor, nos quais eu tive oportunidade de usar termômetros de tamanho incomum (seu bulbo globular em torno de quatro polegadas de diâmetro), cheios de vários tipos de líquidos, tendo exposto um deles, que estava cheio de álcool de vinho, em um calor tão grande quanto ele é capaz de suportar, eu o coloquei numa janela, onde estava batendo sol para esfriar. Dirigindo meus olhos para seu tubo, que estava completamente desprotegido (as divisões de sua escala foram marcadas no vidro com um diamante), observei um fenômeno que me surpreendeu, e ao mesmo tempo interessou-me de fato: eu vi a massa inteira de líquido no tubo com um movimento muito rápido, correndo rapidamente em duas direções opostas, para cima e para baixo ao mesmo tempo. O bulbo do termômetro, que era de cobre, fora feito dois anos antes que eu encontrasse tempo de fazer meus experimentos; e tendo permanecido vazio, sem ter sido fechado com uma rolha, algumas pequenas partículas de pó encontraram caminho para dentro dele, e essas partículas, que estavam intimamente misturadas ao álcool do vinho, sendo iluminadas pelos raios de sol, ficaram perfeitamente visíveis (como a poeira no ar de um quarto escuro é iluminada e torna-se visível pelos raios de luz que venham de um buraco), e pelo seu movimento perceberam-se os movimentos violentos pelos quais o espírito de vinho no tubo do termômetro era agitado.

Este tubo, que tinha 0,43 polegada de diâmetro interno, era muito fino, e composto de um vidro incolor muito transparente, que tornava a visão clara e distinta e extraordinariamente bonita. Examinando o movimento do álcool de vinho com uma lente, percebi que a corrente ascendente ocupava o eixo do tubo e a descendente, os lados do tubo.

Inclinando um pouco o tubo, a corrente ascendente saía do eixo e ocupava o lado do tubo que estava mais elevado e a corrente descendente, o espaço mais baixo dela.

CAPÍTULO 5   Abordagens histórico-filosóficas em sala de aula: questões e propostas

> *Quando o resfriamento do álcool de vinho no tubo foi apressado molhando o tubo com água gelada, as velocidades de ambas as correntes, ascendente e descendente, foram sensivelmente aceleradas.*
>
> *As velocidades dessas correntes reduziram lentamente, quando o termômetro foi esfriado; e quando ele adquiriu a temperatura próxima à do ar do quarto, o movimento cessou inteiramente.*
>
> *Embrulhando o bulbo do termômetro em pele ou qualquer outra coberta aquecida, o movimento pode ser grandemente prolongado.*
>
> *Eu repeti o experimento com um termômetro semelhante de mesmas dimensões, preenchido por óleo de linhaça, e os aspectos, colocando na janela para esfriar, foram exatamente os mesmos. As direções das correntes e os locais que ocupavam no tubo eram os mesmos; e seus movimentos eram, segundo todas as transparências, realmente tão rápidos quanto no termômetro cheio de álcool de vinho.*
>
> *Não tendo então por mais tempo qualquer dúvida com respeito à causa desses aspectos, estando convencido de que o movimento desses líquidos foi causado pelas partículas movendo-se individualmente e sucessivamente, para dar todo seu calor para o lado frio do tubo, do mesmo modo mostrei em outro lugar que as partículas de ar desprendem seu calor para outros corpos. Fui levado a concluir que esses e, provavelmente, todos os outros líquidos são de fato não condutores de calor; e fui trabalhar imediatamente em planejar experimentos para colocar essa questão fora de dúvida.*
>
> *Considerando os fatos atentamente, pareceu para mim que se líquidos fossem de fato não condutores de calor, ou se ele se propagasse neles apenas em consequência dos movimentos internos de suas partículas, nesse caso, qualquer coisa que tendesse a obstruir aquele movimento deveria certamente retardar a operação e tornar a propagação de calor mais lenta e mais difícil.*

Rumford descreve, então, experimentos relativos ao resfriamento de termômetros cujos bulbos estavam imersos em água pura e em água engrossada com amido ou contendo penugem de ave ou maçãs cozidas. O resfriamento era invariavelmente mais lento quando o movimento livre da água era restrito por corpos estranhos.

Ele descreve também um experimento no qual âmbar em pó, suspenso em água, cuja massa específica foi igualada à do âmbar pela adição de um álcali vegetal apropriado, movia-se com as correntes de água quando estava recebendo ou fornecendo calor, mostrando o modo pelo qual o calor era transportado através da água por convecção.

QUESTÕES:
1. Como o Conde de Rumford descobriu que o calor se propaga por convecção?
2. O autor do texto afirma que "se os líquidos não são condutores de calor qualquer coisa que tendesse a obstruir esse movimento deveria retardar a operação, isto é, o aquecimento do líquido". De acordo com a teoria cinético-molecular, por que os líquidos não são condutores de calor?
3. Nota-se que ainda Rumford usa explicações coerentes com a teoria do calórico. Em que trecho isso aparece? Como poderia ser explicado pela teoria cinético-molecular?

Anexo 2 – Atividade com uso de texto retratando episódio científico

Esta atividade tem como base as novas descobertas astronômicas proporcionadas pela utilização de telescópios, aperfeiçoados no século XVII pelo estudioso e inventor italiano Galileu Galilei. A partir deste episódio será possível discutir alguns aspectos da atividade científica e das relações entre Ciência e Tecnologia.

1.2.1 Atividade 1

TEMA: Telescópio
Finalidade: Relações entre desenvolvimento científico e tecnológico
Durante o verão de 1609, um holandês visitou Pádua, cidade onde Galileu Galilei residia na época, trazendo consigo um instrumento através do qual avistavam-se os objetos em tamanho três vezes maior

CAPÍTULO 5 Abordagens histórico-filosóficas em sala de aula: questões e propostas

que a olho nu. O estrangeiro tentou vendê-lo ao governo local, mas como o preço solicitado era muito alto e ouvira-se sobre a existência de instrumentos semelhantes com poder de aumento superior, a compra foi recusada. Soube-se, então, que o aparato consistia de um longo tubo, contendo uma lente de vidro em cada extremidade.

Galileu, além de professor, desenvolvia atividades de consultoria em problemas de engenharia civil e militar. Provavelmente prevendo a utilidade de instrumento com tal funcionalidade para a frota naval de Veneza, tentou construí-lo. E assim o fez, raciocinando que uma das lentes teria de ser côncava e a outra, convexa. Lentes planas não produziriam efeito algum; uma lente convexa ampliaria o objeto, mas sem resolução e nitidez, enquanto uma lente côncava reduziria seu tamanho aparente, mas talvez pudesse eliminar a falta de nitidez. Tentando essa combinação, com a lente côncava próxima de seu olho, verificou o efeito de fato produzido: era possível observar objetos com suas dimensões ampliadas em três vezes.

Antes do final daquele mesmo ano, Galileu havia construído telescópios de qualidade satisfatória e poder de ampliação significativo para observações astronômicas.

Veja, a seguir, como é narrado o episódio em um diálogo imaginado entre pessoas daquela época por Stillman Drake (1983), grande especialista em Galileu Galilei:

Sarpi *Por volta de novembro de 1608, recebi da Holanda um pequeno folheto descrevendo um instrumento, elaborado por um fabricante de óculos de Middlebourg. Este instrumento ampliaria objetos distantes, fazendo-os aparentarem estar mais perto. Eu imediatamente escrevi para amigos no exterior indagando a veracidade do fato. [...] Jacques Badovere me respondeu dizendo que o efeito de ampliação era de fato real e que imitações da luneta holandesa já estavam sendo vendidas em Paris, onde ele mora, embora estas imitações fossem pouco potentes, praticamente brinquedos.*

[...] Eu e Galileu tínhamos, por diversas ocasiões ao longo dos muitos anos de relacionamento, discutido sobre Ciência, de modo que ele não havia jamais demonstrado maior interesse pela Astronomia, nem estava pensando em tal assunto quando ouviu falar da luneta holandesa.

Sagredo Pelo que eu conheço dele, seu interesse deu-se pela possibilidade de obter vantagem para Veneza sobre os turcos, através da posse de uma luneta pela nossa Marinha.

Sarpi Você tem razão. Em junho, ele havia requisitado um aumento de salário ao nobre Signor Piero Duono, que visitava Pádua, mas as negociações provaram-se infrutíferas. Nosso amigo ouviu falar da luneta pela primeira vez numa breve visita a Veneza, em julho, e então percebeu que talvez pudesse construir uma de valor naval para a República. Tão logo ouviu os relatos, nos quais alguns acreditavam e que outros ridicularizavam, ele visitou-me para saber minha opinião. Eu mostrei-lhe a carta de Badovere atestando a existência do instrumento holandês e ele retornou imediatamente a Pádua para tentar, em sua oficina, a reinvenção e construção da luneta.

Sagredo Quando eu voltei da Síria ouvi dizer que, justamente nessa época, um estrangeiro visitou Veneza com um desses instrumentos, tentando vendê-lo ao nosso governo por um preço alto, de modo que a oferta foi recusada. Tal coincidência surpreendente de fato ocorreu?

Sarpi De fato. E por coincidência ainda maior o estrangeiro chegou a Pádua imediatamente após nosso amigo tê-la deixado para visitar Veneza. Algumas pessoas em Pádua viram o instrumento, como nosso amigo descobriu em seu regresso, mas pelo mesmo golpe do destino, o estrangeiro havia acabado de partir para Veneza.

Sagredo Então nosso amigo obteve considerável benefício prático, podendo saber por outras pessoas de Pádua como o instrumento era construído.

Sarpi De modo algum, pois o estrangeiro não permitia a ninguém exame mais minucioso que o de olhar através da luneta. O preço que pedia por ela era de mil ducados, tanto, que os senadores hesitaram agir sem aconselhamento e me indicaram para apreciar a questão. É claro que eu desejava estudar sua construção, mas fui proibido pelo estrangeiro de desmontá-la. Tudo que pude descobrir

CAPÍTULO 5   Abordagens histórico-filosóficas em sala de aula: questões e propostas

era que constava de duas lentes, uma em cada extremidade de um longo tubo. Portanto, isto é tudo que poderia ter sido relatado ao nosso amigo em Pádua. A luneta não era de fato muito potente, ampliando uma linha distante em apenas três vezes. Sabendo pelo folheto que os holandeses já possuíam lunetas mais potentes, aconselhei o Senado contrariamente a este gasto dos fundos públicos e o estrangeiro partiu contrariado.

[...] Justamente nesta época, recebi uma carta de nosso amigo, que dizia ter obtido o efeito de ampliação, embora fraco. Também estava confiante de poder melhorá-lo consideravelmente, num tempo curto [...]

Sagredo   Ele contou como havia descoberto o segredo tão rapidamente?
Sarpi   Não naquela carta rápida. Mas, posteriormente, disse ter raciocinado que uma das lentes deveria ser convexa e a outra côncava. Uma lente plana não produziria efeito algum; uma lente convexa ampliaria os objetos, mas sem resolução e nitidez, enquanto que uma lente côncava reduziria seu tamanho aparente, mas talvez pudesse eliminar a falta de nitidez. Experimentando duas lentes de óculos, com a côncava próxima de seu olho, ele constatou o efeito desejado. Os problemas eram, então, polir a lente côncava mais profundamente do que se faz em óculos para míopes e, também, moldar a lente convexa no raio de uma esfera grande, aguçando seu efeito. Por motivos óbvios, ele o fez por si mesmo, pois não desejava que nenhum polidor de lentes soubesse seu plano. No meio de agosto, ele retornou a Veneza com uma luneta que ampliava oito vezes ou mais. Com ela, da campânula em São Marco, descreveu navios que se aproximavam, duas horas antes que pudessem ser avistados por observadores treinados.
Sagredo   Sabemos que ele presenteou a luneta ao duque e em retorno recebeu um salário dobrado e posição vitalícia na universidade, embora ele tenha logo deixado o magistério e se colocado a serviço de Cosimo II de Medici, na corte toscana. Agora, o que fez com que ele voltasse este instrumento comercial e naval para os propósitos da Astronomia?
Sarpi   O folheto dizia, no final, que estrelas invisíveis a olho nu eram observadas através da luneta. Talvez nosso amigo tenha logo verificado tal fato, ou tenha-o descoberto ele próprio [...]

Salviati Talvez eu possa esclarecer o que aconteceu a seguir. Tendo presenteado sua primeira luneta ao Duque, nosso amigo desvencilhou-se de suas obrigações ao príncipe e aluno. Apresentou a Cosimo, em Florença, um instrumento semelhante, útil para fins militares. Ocorreu-lhe que outro, ainda mais potente, seria um presente apreciável para o jovem grão-duque. Tencionava aperfeiçoar ainda mais a luneta. Entretanto, para tal finalidade, necessitava de vidro duro e cristalino de espessura que não era utilizada pelos fabricantes de óculos. Receando que outros o antecipassem, caso tomassem conhecimento do material de que necessitava, solicitou o vidro em Florença, na qualidade e tamanho que desejava. Poliu, então, lentes apropriadas para um telescópio duas vezes mais potente que aquele construído anteriormente, que já era quase três vezes mais potente que os brinquedos feitos com lentes de óculos. Ele completou o empreendimento no fim de novembro e, enquanto testava-o ao entardecer, ocorreu de apontá-lo em direção à Lua, então crescente. Através do telescópio a Lua apresentou-se tão diferente do esperado, tanto em relação à sua porção iluminada, quanto à escura, que durante todo um mês ocupou a atenção exclusiva de nosso amigo.

Assim, embora Galileu tenha transformado a luneta em um instrumento que possibilitava até a investigação astronômica, não sabia explicar por que e como funcionava aquele objeto. Somente no ano seguinte, um astrônomo da época, Johannes Kepler, escreve um livro no qual deduz os princípios de funcionamento do telescópio, analisando geometricamente a refração da luz por lentes. Mas a formulação correta da lei da refração não era conhecida, como também não se tinha ainda um modelo aceitável para explicar por que, afinal, a luz era refratada pelas lentes. Estes fatos só seriam esclarecidos cerca de 70 anos mais tarde pelo holandês Christian Huygens.

Ou seja, apenas no ano seguinte ao aperfeiçoamento da luneta por Galileu, Kepler explicou como se dava seu funcionamento. Entretanto, por que o instrumento funcionava daquela forma só pôde ser compreendido 70 anos mais tarde.

1. De que nova tecnologia trata o texto? Que parte da Ciência descreve e explica seu funcionamento?

2. Por que motivo Galileu decidiu aperfeiçoar a luneta? Você saberia fazer um paralelo com os avanços que ocorrem nos dias de hoje, citando algum que tenha se dado pelo mesmo motivo?

3. Em que trechos você nota o descompasso entre desenvolvimento científico e tecnológico no século de Galileu?

4. Quais foram, afinal, as dificuldades enfrentadas por Galileu para a construção da luneta? Você as definiria como problemas científicos ou tecnológicos? Por quê?

5. Qual seria então a relação entre ciência e tecnologia no episódio da luneta? Você poderia dar exemplos nos quais a interação entre conhecimentos científicos e tecnológicos seja equivalente à que ocorre nesse episódio? E exemplos nos quais a interação seja diferente?

CAPÍTULO 6
Avaliação e melhoria da aprendizagem em Física

Maria Lúcia Vital dos Santos Abib

O dia da prova! A entrada do professor na sala de aula prenuncia momentos já bem conhecidos de angústia e de dúvidas sobre as possibilidades de êxito na empreitada. Terei estudado o bastante? O que será que "vai cair"? O que vou fazer se não tiver bons resultados? E se eu for mal, terei uma segunda chance?

Com certeza, cada um de nós tem na memória situações marcantes associadas a momentos de avaliação. Muitas marcas foram sendo feitas em nosso imaginário ao longo de nosso percurso como alunos. Sucessivos resultados foram delineando caminhos e possibilidades para nossas escolhas muitas vezes delimitadas pelos currículos escolares e pelas decisões de nossos professores, não só pela maneira como propunham e desenvolviam suas aulas, mas também pela forma com que conduziam os momentos de avaliação.

Para o ensino das Ciências Naturais e, em particular, para o ensino da Física, essas influências são bastante conhecidas, dados os resultados extremamente precários da qualidade da aprendizagem nessa área por grande parte dos alunos da escola básica. Esse quadro chega a configurar, como denomina Fourez (2003), uma verdadeira "crise no ensino de Ciências", na qual diversos fatores estão associados às suas proposições curriculares mais frequentes, entre eles, a questão da avaliação.

Diante desse quadro, vivemos atualmente em um momento de busca por grandes transformações nas visões sobre o papel do ensino de Física. Esse movimento, cada vez mais acentuado e evidente, está fortemente marcado por um esforço para implementar inovações que possibilitem uma compreensão mais adequada dessa Ciência, de suas relações com as demais áreas do conhecimento e, consequentemente, uma preparação dos alunos para uma atuação crítica na sociedade contemporânea.

O processo de avaliação, por seu caráter particularmente propulsor de modificações, ocupa uma posição central nessa busca por mudanças, devido ao seu enorme poder de nortear ações em vários níveis das instituições educativas, no trabalho docente nas escolas e na própria vida dos alunos. A importância crucial dos processos de avaliação é também revelada fortemente nas provas para ingresso nas universidades e nos sistemas padronizados de avaliação atualmente utilizados, como o Saresp[1], o Enem[2], o Pisa[3] e outros. Esses têm gerado fortes mecanismos de controle e necessidade de profundas modificações nas práticas de ensino veiculadas nas escolas, com inegáveis consequências para os alunos e para a sociedade.

Neste texto, buscamos promover reflexões que contribuam com análises sobre os processos de avaliação, possibilitando avanços nas suas práticas usuais e uma aprendizagem consoante, que permitam uma aprendizagem consoante com as propostas atuais da educação científica.

Para que avaliamos?

Essa é a questão fundamental sobre a qual devemos nos debruçar. Suas possibilidades de resposta vão nortear a maneira pela qual podemos organizar nossas práticas avaliativas enquanto professores. A

---

[1] Saresp – Sistema de Avaliação do Rendimento Escolar do Estado de São Paulo
[2] Enem – Exame Nacional do Ensino Médio
[3] Pisa – Programa Internacional de Avaliação de Alunos

essa questão central, outras igualmente relevantes, precisam ser analisadas, como as seguintes:

- Que práticas atuais predominam na avaliação?
- O que pensamos a respeito desses processos?
- Nossas concepções são coerentes com nossas práticas?
- Estamos satisfeitos com o que fazemos?

Embora as pesquisas sobre ensino de Ciências tenham produzido um conjunto bastante significativo de resultados e de propostas para a melhoria do ensino, de modo geral, as práticas nas escolas de educação básica têm apresentado apenas algumas poucas modificações pontuais, restritas a iniciativas localizadas, que não permitem configurar um quadro homogêneo de inovações.

As práticas avaliativas, assim como os demais componentes dos currículos escolares, sofrem inúmeras influências e pressões por modificações. Entretanto, embora as pressões venham de múltiplas direções, como as proposições curriculares oficiais, os mecanismos de controle instaurados pelas avaliações padronizadas, pelas normativas legais institucionalmente impostas, há toda uma tradição e uma cultura arraigadas nas escolas que têm atuado na direção da permanência do que se faz há décadas.

Neste capítulo, inicialmente, abordamos os aspectos de natureza mais geral da avaliação, em função de diferentes tendências teóricas e dos métodos predominantes nas escolas, tendo em vista a necessidade de uma compreensão, por um lado, do significado e das consequências das práticas tradicionais e, por outro, das possibilidades de caminhos para a transformação em direção a processos que possam promover a aprendizagem de qualidade da Física, e das Ciências naturais em geral, por todos os alunos.

O processo de avaliação dirigido para a reprodução

Embora não haja homogeneidade nos processos utilizados nas escolas públicas brasileiras e nas instituições privadas de ensino, com muita frequência, o trabalho desenvolvido pelos professores e os instrumentos de avaliação empregados para avaliar a aprendizagem de seus alunos revelam que as concepções tradicionais de ensino encontram-se fortemente arraigados nas instituições escolares em diferentes níveis da estrutura educacional, com reflexos nos processos de avaliação.

Nessa maneira de conceber os processos de ensino e aprendizagem, explicados em torno da transmissão-recepção de conhecimentos considerados como um conjunto de conteúdos neutros, inquestionáveis e estanques, a memorização ocupa o papel central. Em suas análises sobre diferentes perspectivas do ensino e as consequentes visões sobre o processo de avaliação, como destaca Mizukami (2009), o papel do professor, sinteticamente, consiste em "dar a lição e tomar a lição", o que traz sérias consequências para a atuação dos alunos, que ficam restritos a uma mera reprodução dos conteúdos veiculados nas aulas.

Com a influência do comportamentalismo, a partir da década de 1970, que imprimiu uma série de mudanças na organização dos currículos oficiais e nas instituições escolares, que passaram a se preocupar fortemente com a operacionalização de objetivos comportamentais, como os definidos por Bloom (1973), às características majoritárias de uma prática tradicional de avaliação mesclaram-se elementos fortemente evidenciados no discurso dos professores, que passaram a conceber a avaliação como um processo que deve ser marcado por forte objetividade para verificar se tais objetivos foram atingidos pelos alunos.

Nessas vertentes, a avaliação está configurada, essencialmente, por mecanismos de controle, que assumem um caráter autoritário, nos quais o exame se restringe apenas a uma das partes do processo: a aprendizagem do aluno. Ou seja, o ensino não é avaliado.

Além disso, o foco principal do processo é a atribuição de notas que acabam se constituindo, frequentemente, em "moeda corrente" na escola. Em suas críticas sobre a avaliação, como destaca Vasconcelos (2005), o professor passa a trabalhar com as notas como "prêmio-castigo ou esforço-recompensa", resultando na alienação da relação

CAPÍTULO 6 Avaliação e melhoria da aprendizagem em Física

pedagógica na qual os professores, com seu papel desfigurado, passam a se perguntar: "quanto este aluno merece?". Enquanto os alunos, com a preocupação de aprovação, questionam: "de quanto eu preciso?". Como decorrência, perguntar sobre como ensinar melhor e como fazer para aprender fica para um segundo plano.

Assim, nessa perspectiva de avaliação ficam estabelecidos um caráter fortemente burocrático e a finalidade principal de constatar, classificar e tomar decisões quanto à aprovação dos alunos. As consequências quanto às repercussões nos processos de exclusão da escola, ou da desistência em aprender, são tão conhecidas quanto as limitações para as ações dos alunos e professores. Sem o incentivo para a iniciativa, para a participação e o debate, e para a elaboração de novas ideias e ações, essa prática avaliativa não potencializa o desenvolvimento de habilidades e valores necessários para uma atuação crítica na sociedade contemporânea.

No caso do ensino de Física, essa abordagem tradicional também permeia a prática docente em grande parte das nossas escolas. Frequentemente, as aulas de Física restringem-se a exposições e a um enfoque excessivamente teórico sobre os fenômenos, a um tratamento de representações matemáticas limitado à aplicação mecânica de fórmulas e de seu emprego em exercícios, que seguem exemplos de resolução fornecidos pelo professor ou pelo livro didático. Seguindo a lógica deste modelo, as avaliações são compostas por provas nas quais os alunos precisam apenas mostrar os procedimentos típicos de resolução de exercícios, tratados não como problemas autênticos e novos, mas como mera repetição de um operativismo padronizado.

No ambiente escolar, muitas vezes os problemas decorrentes dos altos índices de reprovação dos alunos são contornados pelos professores que agregam às provas convencionais a avaliação de trabalhos de diversas naturezas, como "pesquisas", listas de exercícios, relatórios e outras atividades que "valem pontos" para serem contabilizados na nota (ou conceito) final.

Os resultados desastrosos desse modo de ensinar e avaliar são bem conhecidos dos alunos, da comunidade escolar e da população em geral, que cristalizou a idéia estereotipada de que "Física é muito difícil! É coisa para gênios!". Estabelece-se, assim, um distanciamento com a ciência e a suposição de que ciência e tecnologia não são assuntos para o cidadão comum.

Avaliação direcionada para a compreensão e para a ação

A literatura na área sobre aprendizagem e sobre ensino das Ciências naturais tem fornecido um conjunto importante de elementos que podem subsidiar novos caminhos para a avaliação escolar. Os trabalhos desenvolvidos por Ausubel, Piaget, Posner e outros, que contribuíram para alicerçar uma abordagem construtivista para o ensino, e os trabalhos de Vigotski e Paulo Freire, que constituem uma base cultural para os processos de ensino e aprendizagem, configuram elementos teóricos fundamentais para mudanças na avaliação.

Nessas abordagens de ensino, a aprendizagem do aluno em sua dimensão cognitiva é vista como um processo contínuo de elaboração de relações entre conhecimentos anteriores dos alunos e as novas informações que são disponibilizadas no processo de ensino. Essa maneira de conceber a aprendizagem implica no papel do professor como mediador e facilitador do processo que, de forma compatível, passa a assumir a avaliação como um processo que tem o objetivo principal de fazer um acompanhamento da aprendizagem dos alunos diante da necessidade primordial de compreender seus avanços e dificuldades.

Nesta perspectiva, não há separação rígida entre situações de ensino e situações de avaliação, que devem se constituir em instâncias de apoio fundamentais tanto para a aprendizagem como para o ensino.

Com essas características, como destacam Alonso Sánches e outros (1992, 1996), o processo de avaliação passa a assumir um caráter de investigação visando, sobretudo, a melhoria dos processos envolvidos. Deste modo, os "acertos" e "erros" cometidos não são utilizados para balizar "premiações" ou "punições", via atribuições de notas, como nos sistemas predominantes de avaliação, mas como dados importantes que podem contribuir para as análises necessárias à compreensão das diferentes trajetórias de aprendizagem, assim como das relações entre elas e os procedimentos de ensino do professor.

Essa base teórica pode contribuir para novas práticas de avaliação em diversas áreas e, principalmente, as que não apenas priorizam como metas de trabalho a aprendizagem de conteúdos conceituais, mas que, voltadas para finalidades mais abrangentes para a formação dos alunos, preocupam-se, igualmente, com o desenvolvimento de conteúdos procedimentais (habilidades) e atitudinais, que envolvem valores e postura ética.

Na área de ensino de Ciências, particularmente da disciplina Física, essas finalidades ficam contempladas a partir de um desenvolvimento curricular em uma perspectiva que envolve as relações entre Ciência, Tecnologia, sociedade e meio ambiente, fundamentais para um trabalho compatível com um ensino voltado à participação autônoma e crítica na sociedade contemporânea.

Nessa maneira de conceber a avaliação, deve-se considerar a utilização de um conjunto variado de instrumentos e situações que permitam dados tanto sobre os processos de aprendizagem como dos seus resultados. Ou seja, instrumentos que permitam verificar, sobretudo, os níveis de compreensão e elaborações autenticamente novas realizadas pelos alunos (por exemplo, elaboração de sínteses temáticas, resolução de problemas abertos, questões com a perspectiva C/T/S, análise e tomadas de decisão diante de situações que envolvam o uso de diferentes habilidades e atitudes etc.).

Sem dúvida, para desenvolvermos essas novas práticas de avaliação, temos que superar muitas barreiras e construir um conhecimento novo, o que exige uma revisão profunda em diversas concepções e crenças que estão arraigadas nas experiências que tivemos ao longo de toda nossa trajetória escolar.

Avaliação qualitativa ou métrica?

Uma das ideias centrais associadas às práticas avaliativas tradicionais é a de que a avaliação deve estar fundamentada em métodos de atribuição de notas ou conceitos determinados por uma métrica precisa dos conhecimentos adquiridos pelos alunos.

Segundo essa concepção, a utilização de métodos quantitativos, que incluem uso de escalas numéricas como medida de conhecimento, cálculo de médias (aritméticas ou ponderadas) e o estabelecimento de critérios numéricos (muitas vezes adaptados para a representação em "conceitos"), é essencial para balizar decisões adequadas e "justas" sobre a aprovação dos alunos, na medida em que, apoiadas em limites numéricos preestabelecidos, estariam isentas de julgamentos subjetivos por parte dos avaliadores.

Embora esses pressupostos estejam subjacentes às práticas avaliativas predominantes, há uma série de aspectos a considerar. Se analisarmos a consistência desses métodos, podemos questionar até que ponto é, de fato, possível medir os conhecimentos dos alunos de maneira precisa e inquestionável.

Necessariamente, o processo de avaliação envolve julgamento e tomada de posição. É bem conhecido o fato de que diferentes avaliadores podem atribuir diferentes notas às mesmas provas quando essas não são elaboradas na forma de provas objetivas. Mesmo nessa modalidade, a própria elaboração das questões e a atribuição de valores numéricos são escolhas sujeitas aos valores e conhecimentos dos avaliadores.

Deste modo, mesmo que seja possível buscar acordos entre diferentes avaliadores, a subjetividade inerente ao processo de avaliação implica a impossibilidade de definição de critérios de julgamento inquestionáveis, uma vez que as escolhas feitas comportam uma certa arbitrariedade que, a rigor, não é possível evitar.

Assim, a própria natureza da avaliação impede a definição de uma métrica inquestionável baseada em escalas que pressuporiam degraus equivalentes de escalas[4] para medir conhecimentos, como faze-

---

[4] Estamos aqui nos referindo às métricas associadas a escalas denominadas intervalares, que, além de uma unidade padrão, admitem um zero arbitrário, e às denominadas escalas de razão, que assumem um "zero absoluto".

mos com grandezas físicas (comprimento, temperatura etc.), em que a definição de uma unidade padrão garante a objetividade da medida.

Como consequência, fica fortemente comprometida a validade de interpretações de resultados balizadas exclusivamente em valores numéricos e, da mesma maneira, os baseados estritamente no cálculo de médias entre notas obtidas em diferentes instrumentos de avaliação, dado que esse procedimento só tem consistência em escalas de nível intervalar ou de nível de razão. Neste caso, muitas vezes baseados em uma falsa precisão, podemos tomar decisões bastante inadequadas, e até mesmo injustas, sobre a reprovação de alunos.

Por outro lado, a utilização de níveis de mensuração qualitativos, como os característicos dos processos de classificação ou de ordenação de categorias que podem representar aspectos que sejam de interesse sobre o conhecimento em pauta, pode contribuir para a análise do processo e dos resultados da aprendizagem.

Na medida em que, na avaliação de natureza qualitativa, o foco é a identificação de elementos que revelem aspectos importantes do processo de elaboração de conhecimento, com suas possibilidades e dificuldades diferenciadas, a avaliação sobre as produções dos alunos em diferentes instrumentos pode ser representada por categorias descritivas representadas sinteticamente por meio de conceitos (por exemplo: plenamente satisfatório, satisfatório, insatisfatório) ou por pareceres descritivos, que teriam o mérito adicional de poder expressar a apreciação geral do avaliador com a explicitação dos pontos-chave de avanços, de dificuldades e de sugestões.

Assim, poderíamos ter a utilização de representações que por um lado sejam consistentes com as possibilidades de "precisão" permitidas pelos processos utilizados, e por outro contribuam de fato para a explicitação dos elementos a redirecionarem as próximas etapas de aprendizagem.

Para tal, como defende Darsie (1996), a identificação dos "erros", que podem expressar as formas de pensamento dos alunos, entendidas como elaborações provisórias, é fundamental para a compreensão dos processos de aprendizagem. Com esse entendimento, tanto erros como acertos passam a se constituir como importantes fontes de informações para a compreensão e melhoria da aprendizagem, revelando coerência (ou não) e auxiliando as interferências do professor em seu trabalho de mediação.

Avaliação emancipatória: impulsionando ações

Ao colocarmos como finalidade primordial das práticas avaliativas sua contribuição tanto para a compreensão da ciência, como para o incentivo de iniciativas e ações dos alunos que leve ao desenvolvimento de uma postura ética, socialmente comprometida e de responsabilidade social, o trabalho de mediação do professor na avaliação precisa incorporar, como propõe Hoffman (2000), uma perspectiva emancipatória e crítica no processo.

Esse posicionamento implica a preocupação com a dimensão social e crítica das ações educativas, nas quais as reflexões sobre as formas de acompanhamento do ensino e da aprendizagem precisam ser debatidas e compartilhadas por professor e alunos. Nessa perspectiva, a metacognição, entendida como as reflexões sobre os mecanismos de elaboração de conhecimentos, ou seja, as reflexões sobre os processos de aprendizagem pessoal, assume uma importância crucial, pois pode contribuir para as superações de dificuldades.

O exercício de pensar sobre *"O que efetivamente estou aprendendo?"*, *"Que ideias estão obscuras para mim?"* e *"O que tem favorecido e dificultado minhas compreensões?"* traz elementos fundamentais para a elaboração de conhecimentos sobre os mecanismos de aprendizagem pessoal, o que promove possibilidades para a autorregulação, controle sobre a própria aprendizagem e consciência de seus objetivos pessoais, de seus progressos e dificuldades, o que é essencial para superações e avanços.

Nesse sentido, momentos em que os alunos possam elaborar trabalhos de autoavaliação, nos quais possam ser incluídos critérios pessoais de análise do processo, podem ser de grande valor para encontrar novas possibilidades para professores e alunos em que a investigação sistemática e ao longo dos processos de ensino e de aprendizagem promovem a conscientização sobre necessidades de alterações de percursos e mudanças de posturas e atitudes.

Assim, em uma perspectiva emancipatória, as práticas avaliativas encontram-se alicerçadas em uma abordagem sociocultural do ensino, em que as avaliações são feitas pelo grupo envolvido e por ações entre pares que procedem de modo corresponsável a momentos de avaliação mútua e permanente da prática educativa de professores e alunos orientados pela meta comum de melhorar os processos compartilhados.

Elaborar os modos necessários para a implementação de uma avaliação com essas características e que esteja voltada para a compreensão da ciência e para a ação participativa e crítica dos alunos requer, sobretudo, mudanças em nossa preparação como professores.

Avaliação tradicional ou alternativa

As decisões sobre as ênfases a serem desenvolvidas nos processos de avaliação necessitam estar respaldadas em análises de diferentes aspectos das ações educativas, que passam por uma busca de coerência entre nossos conhecimentos, nossas práticas e nossos objetivos.

O quadro a seguir explicita alguns aspectos fundamentais que podem contribuir para reflexões sobre novos caminhos que podemos desenvolver.

A aceitação do desafio de proceder a uma nova prática avaliativa necessita também de um aprofundamento em diferentes âmbitos de atuação, que vai desde a adoção de um conjunto de instrumentos e situações diversificadas para acompanhar os processos de aprendizagem, até a elaboração de questões e problemas que possam explicitar os dados necessários ao processo de investigação – o elemento central em uma concepção de avaliação que visa a compreensão, a ação e uma perspectiva emancipatória para a educação científica.

As atividades propostas a seguir buscam promover reflexões que possam subsidiar ações nesses diferentes âmbitos.

Quadro 6.1 *Características das abordagens tradicionais e alternativas do ensino e da avaliação*

CONCEPÇÕES E PRÁTICAS AVALIATIVAS	ÊNFASE TRADICIONAL	ÊNFASE ALTERNATIVA
Aluno	Receptor de informações	Possuidor e elaborador de conhecimentos
Professor	Transmissor de informações	Organizador e mediador da elaboração de conhecimentos
Ensino	Transmissão de informações "dar a lição"	Mediador da aprendizagem
Aprendizagem	Gravação de informações	Elaboração de conhecimentos (reorganização conceitual). Desenvolvimento de habilidades. Desenvolvimento de atitudes
Conhecimento	Externo ao sujeito (empirismo)	Provisório e construído socialmente (interacionismo)
Avaliação	**Constatação de padrões previamente definidos "tomar a lição"**	**Investigação dos processos de ensino e aprendizagem**
	Classificatória	**Critérios definidos pelo professor e alunos**
	Autoritária e burocrática	**Instrumento a favor da aprendizagem**
	Quantitativa	**Qualitativa**
	Provas e testes	**Provas diversas, sínteses, relatórios, portfólios, autoavaliações/reflexões metacognitivas etc.**

CAPÍTULO 6   Avaliação e melhoria da aprendizagem em Física

Atividades propostas

1. Destaque os principais elementos da proposta de avaliação defendida no texto e explicite seu grau de concordância (ou não) com os mesmos, assim como os argumentos que sustentam seus posicionamentos pessoais.

2. Analise o processo de avaliação que você pode acompanhar no trabalho de professores de Física nas escolas onde participou, quanto a: instrumentos, atividades propostas, orientações para os alunos, critérios utilizados, representação dos resultados e abordagem avaliativa preponderante. Para obter os dados necessários à análise podem ser realizados:
   a) entrevistas com o professor e/ou com os alunos;
   b) análise de materiais produzidos pelo professor (provas, propostas de relatórios etc.);
   c) análise de trabalhos produzidos pelos alunos em nível individual ou pela classe (resoluções das provas, elaboração de relatórios etc.);
   d) acompanhamento em sala de aula de momentos de avaliação e de devolução e discussão dos resultados;
   e) acompanhamento de reuniões de professores nas quais se discute a questão da avaliação (por ex. os conselhos de classe).

3. Análise da avaliação utilizada em atividades de ensino que você organizou (aulas particulares, minicursos, aulas regulares etc.).

4. Análise das questões seguintes, quanto a:
   a) nível de ênfase cognitiva predominante: memorização e/ou compreensão;
   b) inclusão de relações entre a ciência, a tecnologia, a sociedade e o meio ambiente;
   c) promoção de momentos de metacognição.

Ensino de Física

QUESTÃO 1:
A tabela abaixo apresenta elementos para a composição de uma cesta básica energética necessária para um domicílio habitado por 5 pessoas.

Aparelhos elétricos	Potência média (em watts)	Dias de uso no mês	Tempo médio de utilização por dia	Consumo médio mensal (em kWh)
Geladeira	200	30	10h	60
Chuveiro elétrico	3.500	30	40 min	70
5 lâmpadas (60 W cada)	300	30	5h	45
Televisor	60	30	5h	9
Ferro elétrico	1.000	9	1h	9
Máquina de lavar roupas	1.500	12	30 min	9
Aparelho de som	20	30	4h	3
				205

Adaptado de Bermann. C. *Energia no Brasil: Para quê? Para quem?* Crise e alternativas para um país sustentável. Editora Livraria da Física, 2003.

Com os recursos energéticos disponíveis, é possível atender a um maior número de residências, se os moradores economizarem energia elétrica. Indique algumas ações que podem ser feitas nos domicílios para promover uma expansão dos atendimentos. Discuta quais dessas indicações seriam mais indicadas e mais viáveis (adaptada da Prova Pasusp[5] de 2008).

---

[5] Pasusp – Programa de Avaliação Seriada da Universidade de São Paulo.

CAPÍTULO 6   Avaliação e melhoria da aprendizagem em Física

QUESTÃO 2 :
Galileu afirmou que um corpo pesado possui uma tendência de mover-se com um movimento uniformemente acelerado, rumo ao centro da Terra, de forma que, durante iguais intervalos de tempo, o corpo recebe igual aumento de velocidade. Isto é válido sempre que todas as influências externas e acidentais forem removidas; porém, há uma que dificilmente pode ser removida: o meio que precisa ser atravessado e deslocado pelo corpo em queda e que se opõe ao movimento com uma resistência. Assim, há uma diminuição da aceleração, até que finalmente a velocidade atinge um valor em que a resistência do meio torna-se tão grande que, equilibrando-se peso e resistência, impede-se qualquer aceleração subsequente e a trajetória do corpo reduz-se a um movimento uniforme que, a partir de então, irá se manter com velocidade constante.

Considere um corpo esférico em queda, partindo do repouso, próximo à superfície da Terra, conforme descrito por Galileu. Elabore:
a) Uma representação da trajetória da esfera, representando sua posição em sucessivos intervalos de tempos iguais.
b) Esquemas que explicitem as forças atuantes na esfera durante a queda.
c) Represente matematicamente o fenômeno.

(adaptada da Prova Pasusp de 2009)

Compare suas respostas com a de colegas, discuta as possíveis diferenças, procurando identificar erros cometidos e suas causas.

QUESTÃO 3:
Medidas elétricas indicam que a superfície terrestre tem carga elétrica total negativa de, aproximadamente, 600.000 coulombs. Em tempestades, raios de cargas positivas, embora raros, podem atingir a superfície terrestre. A corrente elétrica desses raios pode atingir valores de 300.000

A. Que fração da carga elétrica total da Terra poderia ser compensada por um raio de 300.000 A e com duração de 0.5 s?
(adaptada da Prova Fuvest 2010 – 1ª Fase)

Com base no gabarito da prova, compare sua resposta com a correta. Em caso de erro, reflita sobre o que o originou.

QUESTÃO 4:
O texto (I) e a imagem (II) abaixo foram produzidos por viajantes europeus que estiveram no Brasil na primeira metade do século XIX e procuraram retratar aspectos da sociedade que aqui encontraram.

I: "Como em todas as lojas, o mercador se posta por trás de um balcão voltado para a porta, e é sobre ele que distribui aos bebedores a aguardente chamada cachaça, cujo sabor detestável tem algo de cobre e fumaça."

Auguste de Saint-Hilaire, 1816.

II.

Fonte: Johann Moritz Rugendas, 1835.

CAPÍTULO 6   Avaliação e melhoria da aprendizagem em Física

Indique elementos ou indícios presentes no texto ou na imagem que sinalizem características da época relativas a
a) fontes de energia
b) processos de industrialização
c) vida urbana

(Fuvest 2010 – 2ª Fase)

QUESTÃO 5: Proposta de trabalho individual
Faça uma síntese sobre um dos temas trabalhados em aula (por ex. Leis de Newton), explicitando:
a) o que aprendeu
b) como aprendeu
c) dúvidas e dificuldades que ainda permanecem e caminhos para sua superação

4. Faça uma busca nos sites indicados (ou outros) e escolha uma prova padronizada (Fuvest, Enem, Pasusp etc.) para analisar suas questões. Se possível, traga para discutir com os colegas na aula.

Referências bibliográficas

ALONSO, M. S.; GIL-PÉREZ, D. P.; MARTÍNEZ-TORREGROSA, J. Evaluar no es calificar. La evaluación y La calificacación em uma enseñanza constructivista de las ciências. *Investigación em La Escuela*, n. 30, p. 16-25, 1996.

ALONSO M. S.; GIL D. P.; MARTÍNEZ-TORREGROSA, J. Los exámenes em la enseñanza por transmissión y en la enseñanza por investigación. *Enseñanza de las ciências*, v. 10, n. 2, p. 127-138, 1992.

BLOOM, B. *et al.* Taxionomia dos objetivos educacionais. *Domínio cognitivo.* Porto Alegre: Globo, 1973.

BRASIL. Ministério da Educação e Cultura. Exame Nacional do Ensino Médio. Disponível em: www.portal.mec.gov.br. Acesso em: 23 nov. de 2009.

DARSIE, M. M. Avaliação e aprendizagem. *Cadernos de Pesquisa,* n. 99, p. 47-59, São Paulo, 1996.

FOUREZ, G. Crise no ensino de ciências? *Investigações em Ensino de Ciências.* v. 8, n. 2, p. 109-123, 2003.

FUNDAÇÃO UNIVERSITÁRIA PARA O VESTIBULAR. Vestibular 2010. Disponível em www.fuvest.br. Acesso em 26 de jan. 2010.

HOFFMANN, J. Avaliação: mito e desafio. 29. ed. Porto Alegre: Mediação, 2000. 118p.

MIZUKAMI, M. G. N. Ensino: *as abordagens do processo*, volume 1. São Paulo: Editora Pedagógica e Universitária Ltda., 2009. 119 p.

OECD. The Programme for Internacional Student Assessment (PISA). Paris, 2007. Disponível em: www.oecd.org/dataoecd/15/13/39725224.pdf. Acesso em: 21 nov. 2009.

VASCONCELOS, C. S. *Avaliação: concepção dialética-libertadora do processo de avaliação escolar.* São Paulo: Libertad, 2005.

Sites

www.inep.gov.br/internacional/pisa/Novo/

www.oecd.org

www.pisa.oecd.org